HOW to control the negative emotions

如何控制负面情绪

[美]约翰·A.辛德勒（John A. Schindler）◎著
高书韵◎译

中国友谊出版公司

图书在版编目（CIP）数据

如何控制负面情绪 /（美）约翰·A.辛德勒著；高书韵译. -- 北京：中国友谊出版公司，2018.6
书名原文: How to Live 365 Days a Year
ISBN 978-7-5057-4352-6

Ⅰ.①如… Ⅱ.①约… ②高… Ⅲ.①情绪-自我控制-通俗读物 Ⅳ.①B842.6-49

中国版本图书馆CIP数据核字（2018）第059906号

书名	如何控制负面情绪
作者	[美]约翰·A.辛德勒
译者	高书韵
出版	中国友谊出版公司
发行	中国友谊出版公司
经销	新华书店
印刷	河北鹏润印刷有限公司
规格	880×1230 毫米　32 开 9 印张　147 千字
版次	2018 年 6 月第 1 版
印次	2018 年 6 月第 1 次印刷
书号	ISBN 978-7-5057-4352-6
定价	42.00 元
地址	北京市朝阳区西坝河南里 17 号楼
邮编	100028
电话	（010）64668676

前　言

"还要多少遍抬头，

才能看到天空的静默？

还要多少次倾听，

才能听到人们的哭喊？

还要多少具白骨，

才能知道生灵在涂炭？

朋友啊，你可知道答案在风中吟唱？

答案在风中吟唱。"

鲍勃·迪伦写于1964年的这首《随风而逝》（Blowing in the Wind）经由迪伦特有的低沉嗓音的演绎，总是那么扣人心弦，它不仅在迪伦刚出道的20世纪60年代被视为美国民权运动的宣言，更是在此后半个世纪一直被认作"美国民谣之父"鲍勃·迪伦的扛鼎之作。

每一个时代，都有迷失的人们，今日世界尤其为甚。如果用一个词来形容当代人的生活状态，"浮躁"二字颇为恰当。当前,一种浮躁、焦虑的情绪正在全社会蔓延,俨然一场精神瘟疫。有人言语失当,有人行为过激,有人心理变态,有人消极厌世……无论是个人还是社会,都在经受着猛烈的道德冲击和伦理考验。对此,我们不禁要问,我们该如何保持心灵的清净与高洁?又该如何以微薄之力抵挡、扭转浮华的社会大潮?

这些问题的答案也在随风而逝吗?

美国著名的盲人女教育家海伦·凯勒不满两周岁即已双目失明。彼时不通人事的她,双眼还未能尽情品味人世间的五彩斑斓就陷入了永恒的黑暗之中。然而,她身残志坚,终于在老师莎莉文小姐和亲友的帮助下谱写出了可歌可泣的篇章,成为全世界所有身体健全人士不得不衷心敬佩的偶像。她终身渴望光明,写了**《假如给我三天光明》**这样让千百万人重拾信心与希望的伟大著作。

从某种程度上说,海伦·凯勒也许是幸运的。她那看不见人间繁华的眼睛也看不见人间的浮躁。然而,戴尔·卡耐基却不同。同样出生在19世纪80年代的戴尔·卡耐基看得见世间的一切,凭借其聪明睿智,写下了**《不生气的生活准则》**。他知道生气和抑郁是人们情绪的最大杀手,其杀伤力不逊任何不治之症,所以他想通过此书告诉人们如何在乱象丛生的世间自处。对于不太熟知戴尔·卡耐基的人来说,这本书实在不是最脍炙人口的著作,但是它确实又是当下人们最需要的精神食粮之一。

与卡耐基双峰并峙的励志大师罗伯特·科利尔也同样有一本著作值得一提——**《觉醒:活出全新的自己》**。在这个"理想很丰满,现实很骨感"的世界里,在碰壁之后是该一味地闷头苦干而再次折戟,还是要从头审视自身以期重新再来?相信此书中自有答案。

有这么一种说法:"一个稳定平和的情绪,比一百种智慧更有力量。"我们往往可以轻易躲开一头大象,却躲不开一只苍蝇。每每此时,是不是总有人出来劝一句"要淡定"?他们或者是真洒脱,或者是事不关己,但不管怎么样,遇事一定要淡定。否则,遇事就炸,绝行不通。

从时间上看,美国人奥里森·马登年近不惑,戴尔·卡耐基才出生。因此,他研究成功学比后者更早,后来所谓的成功学大师包括戴尔·卡耐基、拿破仑·希尔等都深受其影响。他被誉为"最伟大的励志导师",一生创作了许多鼓舞人心的著作,**《改变千万人生的一堂课》**即是其中之一。

这些经典之作都从人类自身修养的角度为读者提供应对这个世界的方法。要想真正达到目的,还需要**《自动自发》**的主动精神和**《把信送给加西亚》**的主观愿望。美国著名出版家阿尔伯特·哈伯德的这两本著作是真正意义上的小书,但正是这样薄薄的两本小册子在世间流传了百余年，至今仍魅力无穷，成为人类历史上最畅销的励志经典之一。

　　这些作者的伟大和著作的经典无可否认，前人提供的知识或许还不足以让我们应对这变化的世界，**《爱的教育》**溢满了先贤圣哲对人类的爱。出自意大利作家埃迪蒙托·亚米契斯的这部作品是世界文学史上经久不衰的名著，被各国公认为最富爱心和教育性的读物，乃人生必读之书。

　　书籍从来都是人类进步的阶梯。看完这些，答案在哪里？或者，读者诸君心中自有衡量。愿《如何控制负面情绪》能成为医治浮躁的一剂良方。

目 录

第一部分　情绪主宰着你的健康

第一章　大部分疾病都是负面情绪引起的 / 3

第二章　负面情绪如何让你罹患各种疾病 / 23

第三章　情绪如何影响呼吸系统 / 45

第四章　情绪如何通过腺体诱发疾病 / 53

第五章　好情绪就是最好的灵丹妙药 / 73

第二部分　如何控制情绪，享受健康与幸福

第六章　基础情绪是不幸与幸福的根源 / 85

第七章　相信自己，你能成功控制情绪 / 93

第八章　怎样培养情绪控制力 / 119

第九章　人类6大基本需求：积极情绪的基础 / 139

第十章　让生活变得丰富多彩的12条准则 / 165

第十一章　打造温馨的家庭氛围，传递积极情绪 / 205

第十二章　和谐的"性"福生活，身心更健康 / 229

第十三章　化解工作中的负面情绪 / 249

第十四章　面对死亡，我们仍然可以微笑 / 261

第一部分

情绪主宰着

你的健康

第一章
大部分疾病都是负面情绪引起的

在这个世界里，恐怕没有什么比生理紊乱更让人捉摸不透的了。对医学常识缺乏了解的人常常将这种疾病的起因错误地描述为"神经紧张"。直到1936年，医学家们才开始对能够诱发疾病的情绪作用机理进行系统的研究。

功能性疾病，或情绪引发的疾病，无论用哪种方式看，都是值得我们给予高度重视的疾病。

目前正显著流行的功能性疾病

E.I.I.（由情绪诱发的疾病的简称）就是最明显的病症之一，如今很多人都因为它而在寻求医疗援助。

也就是说，如果你感觉自己像要快生病了，或者已经病倒了，你患的很有可能是情绪性疾病而不是生理性疾病。

对于不了解这种疾病的人来说，要相信此言是有一定困难的，但实际上，患这种病的概率很大。几年以前，位于新奥尔良的奥克斯纳医疗机构发表了一篇文章，文中指出每500名持续进行肠道疾病治疗的病人中，有74%的病患被发现患有E.I.I.；耶鲁大学的医学诊疗部也曾于1951年在一篇研究报告中表示，有76%的病人被诊断曾得过E.I.I.。

情绪诱发病：现代医学的盲点

每一个人，无论是谁，都有可能在某个时间患上情绪诱发病。如果你曾因为患了情绪诱发病去看过医生，而医生却没能给你确切的诊断结果，之所以出现这个结果是出于以下两种原因：

第一个原因，虽然长久以来医生们都知道有这种疾病，并且已经能做出诊断，但也只是在最近这些年，他们对它的了解才足够支撑他们的理论研究。

第二个原因，也是最重要的一个，医生没能告诉你得了什么病，是因为他们也不知道用什么方法进行治疗。

一个医生不应该在长期的临床医疗中，仅仅只能告诉病人"你没有什么大碍，你的麻烦都是情绪带来的"，或者是"你的神经太过于紧张了",这是一种很糟糕的治疗方式。这样,不仅不会让病情有所好转,而且会激怒病人,使他们产生防备情绪,从而选择其他医生对自己进行治疗。只有更好地了解病人的需要(而不是所谓的健康状态),医生才能给病人一个他们能接受的治疗方案。

如果医生坚持要从正面对病人的疾病进行攻克,并且告诉病人他的麻烦来自情绪诱发病,那医生必须准备好解释下面的问题:这种疾病是怎样产生的?什么情绪会诱发这种疾病?正在生这种病的人要怎么样才能好转?我将所有的这一切称为能满足需要的心理疗法,这是唯一合理的、行之有效的能够治疗E.I.I.的方式。

理想的心理治疗

我们现在所理解的心理疗法,要实现是不可能的,而不可能的原因则在于诊疗的时间。对于理想的心理治疗来说,最大的障碍就是治疗一个病人,一次需要花费20个小时。

用这种方法对病人进行治疗,一个医生一天只能诊治一个病人,并且需要工作20个小时。但是,一个普通的医生每天要为约40位病人看诊!假设一般医生将这类病患送到精神科专家那儿,会怎么样(我听见你们当中的一些人提出了这样的建议)?在美国,如果对大量的患有E.I.I.的病人给予令人满意的心理疗法,我们就将需要比现在多得多的精神科专家和心理学家。不言而喻的是，用"令人满意的"方式来对功能性疾病进行治疗是现在亟须解决的问题。以现在的标准来衡量，情绪诱发病患者几乎都没有得到恰当的治疗。

替代疗法

绝大部分患有E.I.I.的病人都被用过"替代疗法"进行治疗。这种疗法包括给病人一个确切的诊断，让他们知道引起疾病的原因，并针对这些病因进行有针对性的治疗。这也是一种心理诊疗，但这是一种与理想的心理疗法不同类型的治疗方法。

这种替代疗法成为公认的治疗方式已经有几千年的历史了。原始的巫医会告诉功能性疾病患者，他们得病的原因是被恶灵附体。当遇到难以应付的病患时，我有时也会希望借用一部分以前的巫医所使用过的治疗方法来诊治自己的病人。

中世纪时候的医生会告诉他的病人是因为四种体液的不平衡导致了功能性疾病，需要减少其中的一种体液以达到平衡——但往往被排出的是血液，因为它最容易被排出。

从长远来看，替代疗法最致命的缺陷是，它往往会使病人的情绪变得更糟糕，并最终导致慢性疾病。采用这种方法治疗的病人中，很少有能在一年后康复的，有一些人甚至还会增添另一种叫作疾病恐惧症的病症——担心自己的病再也不会好了。在替代治疗的过程中,由于医生的不明智和粗心,致使病人患上对严重疾病的恐惧症。这种由医生行为诱发的疾病作为一种医源性疾病普遍存在。在希腊文中,医源性疾病即由医生引发的病情。

开发更高效、更适当并能为一般医生所用的治疗这种疾病的方法正在研究中。希望在不久的将来,能在我们最常见的病症领域带来一场彻底的医疗革命,而目前的这个医学的盲点将会成为照亮医学前进的明灯和拓展医学版图的跳板。

情绪诱发病是生理疾病

我们要清楚地了解这一点,患者是通过自身生理症状而不是精神症状来表现患有情绪病的。这是个不容易把握的难点。

以下是这种疾病能产生很多症状的一部分。每一种症状后面的百分比表示的是依据我的临床经验总结出来的情绪诱发疾病的发生频率。

从这个列表中你可以看到,最常见的疾病就是由情绪诱发的。但任何有医疗实践的人都可以告诉你许多罕见的、奇怪的症状也往往是由情绪困扰造成的。

由E.I.I.引起的生理症状

疾病	百分比%
后颈疼痛	75
咽喉肿痛	90
胃溃疡	50
胆囊炎疼痛	99.44—100
眩晕	80
头痛	80
便秘	70
疲劳	90

威廉·杰姆斯对情绪的定义

要了解情绪诱发病,首先要理解什么是情绪。在1884年,威廉·杰姆斯将情绪定义为"由身体内部的明显变化体现出来的精神状态"。每一种情绪(我们每分钟会有好几种情绪)的变化都会使肌肉、血管、内脏和内分泌发生变化,这些变化和随之而来可感知的精神状态就是情绪。没有这些身体变化,就没有情绪。

两种普遍存在的情绪

虽然有一些特别的个例,但任何情绪都应属于以下两组情绪中的一组——只要它是由身体变化引发的。

第一大类情绪包括那些能够刺激身体各部位发生变化的情绪：通过神经系统，对任何关节或者肌肉的过分刺激；对一个或多个内分泌腺的过度刺激。

因为这些情绪会刺激器官和肌肉，产生令人不愉快的感觉，所以，上千年来，人们很自然地称这些为"愤怒的情绪"，包括众所周知的愤怒、焦虑、恐惧、忧心、沮丧、悲伤和不满。实际上，情绪的种类和细微差别是没有明确界限的，任何人都可以列出很多不愉快的情绪。

第二大类情绪是那些在给身体一个既不太强也不太弱的刺激时的表现，我们可以将这些情绪统称为"愉快的情绪"。我们称之为愉快的情绪，是因为它们引发的身体变化给我们一个愉快的感觉，像希望、欢乐、勇敢、沉着、爱和关怀，这些都是愉快的情绪，这类情绪有很多。

愤怒的情绪造成的死亡悲剧

让我们看看这种特殊情绪的真实表现。当然，希望我们永不被这种情绪感染。

任何一种情绪都会有外在表现，也就是说变化从身体表面上可见。

愤怒情绪的外在表现有多种类型，哈佛大学博士W.B.坎农对此进行了详细的研究，他发现用完一页纸也仅能列出它们的名字。

愤怒情绪的主要外在表现是：脸涨得通红、眼睛睁大、嘴唇紧抿、下巴收缩变紧、拳头紧握、手臂颤抖和经常会有的声音打颤。看到这样的表现，你马上就会知道他已经进入愤怒状态了。

但是，内在表现也就是发生在身体内部的变化，其影响更深刻、更值得注意。例如，当你生气时，你的血液凝固的速度比正常情绪时的速度快。情绪是一种非常基本的生物变化，大多数的表现都含有生物学的意义。显然，生气时的血液凝固变化是为生物学的目的服务的。处于愤怒情绪中时，人们容易发生争斗，从而受伤、流血；而此时的血液迅速凝固则对人的身体有益。

另一个类似的重要生理反应是，在人们生气时，血液循环中的红细胞增量高达50万个/立方毫米。当一个人愤怒时，胃出口处的肌肉挤压得非常紧密，以至于生气期间没有什么东西能够从胃部传输出去，并且引起整个消化道痉挛，致使许多人在生气期间或者怒气消散后会引发严重腹痛。

生气时，人们的心率会显著上升，会达到180次/分或220

次/分，甚至更高，并且会一直持续这种状态，直到愤怒的情绪平复；血压会急剧且明显地从正常的130毫米汞柱上升到230甚或更高。这往往是带来可怕后果的生理反应。你应该了解一个人在气头上很可能会中风，因为高血压会使他脑内血管的张力增高，致使血管"紧绷"。

此外，生气时，心脏中的冠状动脉受到挤压，挤压足够严重时会导致心绞痛，甚至引发致命的冠状动脉痉挛。这种情况可是发生得相当频繁。

约翰·亨特，英国史上最伟大的生理学家之一，有着易怒的脾气和循环不畅的冠状动脉。亨特常说愤怒才是会杀了他的罪魁祸首。为此，他的妻子有好几次几乎和他断绝关系。最终亨特说的罪魁祸首真的在一次医学会议中逮住了他，当时的他怒发冲冠，导致血管急速收缩，最后猝死于冠状动脉痉挛。

我们不难发现，如果一个人特别容易生气，那么他的情绪波动可能会带来一些相应的生理疾病，例如腹痛、心律不齐、中风或冠状动脉痉挛。

幸运的是，虽然存在一些经常生气的人，但数量并不多。在不经常生气的人群当中，我们也会发现存在很多有不良情绪的人。

为什么有人会晕血

你看到过或听说过这样的事,当一个人看见血时会晕倒。一个人会昏倒是因为见血产生的恐惧情绪使得大脑供应血液的血管收缩——这才致使人晕厥。

在其他人中,看到血会使他们呕吐,不是因为他们有胃病,而是由见血时的厌恶情绪引起。憎恶情绪的部分表现就是致使胃部收缩从而引起呕吐。

情绪失控的严重后果

有时,一个严重的情绪病后面可能紧跟着某种单一的激烈情绪。

有一天,一个男人在早上9点的时候,由于自己不能行走,被抬进了我们的诊所。他太虚弱了,眩晕得都没有办法站立。他的心率达到180/分钟并且还在不停地呕吐。肠道似乎不受他的控制,甚至连排尿系统也有所失控。因为这种情况,他住了三个月院,在这段时间里,有好几次我们都认为他活不下去了。

直到被抬进医院这天早上8点之前,他都是一位完全健康、非常强壮的男人。这天早上接近8点的时候,他走进妻子的卧室,发现妻子杀死了他们唯一的女儿之后也自杀了。从此刻开始,他发现自己病得很重。这并不是说他得了癌症,或肺结核,或心脏病,虽然他病得好像是自己同时患了这三种疾病一样。其实他得的是强烈的不愉快情绪症。

请不要忘记这点:其他任何一个人,如果有着这个男人的心理背景,在这个男人的处境下,都可能会患和他一样严重的疾病。没有人能对情绪引起的疾病免疫。

小的负面情绪郁积会引起大的疾病

我们医生在诊所里看到的大多数由情绪引起的疾病既不是由大的、很强烈的情绪所引起，更不会是所谓的一系列灾难性的情绪。相反，大多数情况下，情绪病是由一个简单的、看似不重要却令人不愉快的情绪一点一滴日积月累造成的，如焦虑、恐惧、沮丧和渴望。临床上，我了解这个事实已经很多年。但奇怪的是，我们从来不相信什么药物，除非该药被证明在动物身上有效。

几年前，康奈尔大学心理学家H.S.利德尔和A.V.穆尔表明，即使只是轻微的不愉快情绪，如果总是单调重复，也能产生E.I.I.，至少在羊身上是这样的。

这两个心理学家在一只羊的一条腿上系了一条光丝，光丝很轻，羊可以带着它到自己想去的所有地方。在这样做了一个星期之后，实验结束时，羊是完全健康的，并且在每一个方面都很正常。

在接下来的一周，微弱的电击通过光丝传送给羊；不是重击，只是轻轻地冲击，只要这样稍一冲击，羊的腿就会抽动。利德尔和穆尔可以在一周内以自己想要的频率重复这种光冲击，此时的羊与平时无异,可以正常进食。

然后这两个心理学家尝试了不同的刺激,他们最终发现,连续引入其他两个元素到光丝的微电击中,能在羊群中的任何一只羊身上引发一种严重的疾病。

第一个被引入冲击的因素是忧虑。他们是这样做的,就是在给予微电击的前十分钟摇铃。电击仍然是和以前一样的强度,但是现在当羊听到铃声时,无论它在做什么,都会停下来,担心地等待着它不久之前知道的、在摇铃之后马上就要到来的冲击。但是这一新的因素还不足以产生疾病。

第二个被引入的因素是恐惧——摇铃的单调重复。只要它是单调重复,不论间隔有多久,结果都不会相差太大——不久之后,每只羊都会有生病迹象。它首先会停止进食,然后脱离羊群,接下来停止走动,站不稳,最后呼吸困难。但是,一旦单一重复停止,羊很快就能恢复正常。

在由利德尔和穆尔博士主持的关于羊的实验中,另外一个有趣而又引人深思的发现是,如果单一忧虑的重复每24小时被打断两个小时,那么没有一只羊会得功能性疾病。当然,休息时间不超过两小时则无效。

教育局长的怪病

不愉快情绪的单调重复如果持续不断,那么患E.I.I.将是显而易见的结果,每天彻底中断这种情绪可有效防止疾病。然而,我们也会遇到情绪病产生于一个单一的突发事件这种特殊情况;理解这种疾病的深刻本质将是有价值的。我想起了另一个有趣的例子。

邻近城市的教育局局长是一位冷静且适应力强的人,即使认识的人都生病了,他也几乎不可能患情绪病。突然某一天,他感觉头很晕,只有躺下来才能得到缓解。当他试图坐直时,头晕的感觉强烈得使他想吐。他被带回家,安置在床上,就这样待了几天,病情

没有好转。他的医生什么都没有做，只是让他的恐惧点升高了。然后有一天，像被施了魔法一样，他康复并回到了单位。

几天之后，他去找他的医生时说："我认为没有情绪会让我恶心，但绝对可以肯定的是，我的病是由一系列痛苦的情绪造成的。"

"是什么让你这样认为的呢？"医生问道。

"前一段时间，在这座城市里的我最好的一位朋友希望我能支援他一大笔钱，这是一项很大的借贷，我犹豫要不要签署支票给他。但是我知道，如果他不能偿还这笔贷款，我必将倾家荡产。这似乎不够安全，但因为是很好的朋友，我无法拒绝。所以最后还是签了支票。"

"不久之后，朋友在一次事故中严重受伤，花了几个月的时间在医院治疗，在这段时间里，他的生意越来越惨淡。对这件事的过度担心致使我头晕。"

"但是你怎么就能肯定他的生意越来越差呢？"医生问。

"嗯，先生，"教育局长继续说道，"当我躺在床上感到自己脆弱时，借钱的那位朋友来拜访了我，并且告诉我他刚到银行清偿了这笔借款。从那一刻起，我就开始恢复。第二天就回到了单位。"

情绪疾病症状的产生

情绪通过两种不同的生理系统表现出来。一些表现通过神经系统介导出来，其他则通过内分泌腺介导。

智商越高，越容易患E.I.I.

许多人不了解疾病的根源，往往认为自己有高超的才智，因而对情绪诱发的疾病是免疫的。事实上，E.I.I.在责任更多、警惕性更高和能力更强的人身上更容易出现。

这可能是因为清醒的头脑可以同时找到十件需要担心和关注的事情，而在同样的时间内，糊涂的心灵所想到的只有一件。智商越高的人，需要承担的责任越大，这通常意味着伴有更紧张的情绪。

有智慧的人不容易患情绪诱发病，因为智慧不仅包含了智商，还包含了知识运用能力和情绪掌控能力。但很显然，智商高的人，也就是我们常说的聪明人，并不一定具备情绪掌控能力。再加上他们脑子运转得很快，因此聪明的人往往是那些引导他们情绪走出低谷的能力最低的人。

在美国部分地区，最不容易患情绪诱发病的人是生过很多小孩的农妇，她们除了要做家务之外，还要到农场帮忙。她们整日忙于工作而没有时间"思考"，忙于照顾其他人而忽略了自己。

有一次，当我问这些不同寻常的人是否曾感到过疲惫时，有一个人回答说："孩子，25年前我告诉自己绝不要问自己这个问题。"而且，顺便说一句，这是治疗疲倦的最好的方法。

本章小结

当任何一个人犯生理疾病时,50%多是由情绪引起的。

情绪病是一种生理疾病而不是心理疾病,它引起的病痛症状数以千计,从普通的脖子痛、气管炎,到严重的肾硬化、消化道溃疡,不尽相同。

情绪包含在身体中的化学和物理变化之中(无论是其他人能很容易看见的地方,或身体内部我们只能自己感觉的地方)——我们认为,这种变化与个人主观体验和感受有关。

当我们感到生气时,脸上马上会表现出愤怒的表情。愤怒引起的内部变化会导致血压升高,严重时甚至会引起脑溢血和中风。在生气时发生的另一个内部变化是心脏冠状动脉收缩,这有时会引发冠心病。

"快乐的"情绪产生变化使我们感觉良好,也就是说,我们可以用快乐来抵挡消极情绪。

第二章

负面情绪如何让你罹患各种疾病

与情绪有关的这部分神经系统称为自主神经系统,它不受意志控制。因为不受意志控制的缘故,在很多情况下,情绪给我们带来了意想不到的麻烦。

负面情绪让肌肉紧绷绷

紧张的肌肉群是我们时常会经历的一般疼痛的源头。痉挛产生的剧烈疼痛很好地说明了严重的肌肉疼痛是怎样的感受。将你的手握拳,不需要很紧,但是要保持一段时间,起初的时候你并不会觉得疼。然而,一会儿之后,参与到握拳中的肌张力会开始带来越来越强烈的伤痛。

不愉快的情绪通常表现为骨骼肌紧张和内部器官肌肉紧张,如果这些使肌肉拉紧的情绪持续足够长时间,或者如果它们单调重复得过久，那么参与到其中的肌肉就会受到伤害。

"这些事让我脖子痛"

最常见的参与情绪表达的肌肉群就是那些最常用的肌肉。颈部后面的肌肉就是这样一组肌肉，它比其他任何一组骨骼肌都更常用到。这也是我们为什么时常会感到颈部疲劳或疼痛的原因。抱怨后脑疼痛的85%的患者，后来疼痛扩散到颈部，这是由于在这些肌肉中产生了情绪紧张。这种观点在多年前被一位感受到"这些事让我脖子痛"的实用生理学家提出。这样的说法是完全正确的。

如果想要感觉情绪是如何收紧你脖颈上的肌肉的，今晚就坐在安乐椅上，然后担心某件事一小时之后再入睡。当你醒来后会因为感觉肌肉紧张而扭动和拉伸自己的颈部，而这时颈部很可能会受伤。

"心都跳到嗓子眼了"

另一种民间说法是"我害怕得心都跳到嗓子眼了"。

更多时候病人会抱怨喉咙被哽住。与此同时，很自然地，他们会害怕喉咙肿胀。其实95%的患者是由于某种情绪引发食道上端的肌肉紧张，这种肌肉紧张使食道感觉像长了一个一个肿块似的。如果一个人在这些肌肉紧张时试图吞咽，并且在肌肉放松之前没有片刻犹豫，不给出缓冲的时间，那么他就会感到窒息。之后他会对喉咙有一些可怕的病原而变得担忧，然后对肌肉肿块更加讨厌。

贲门失弛症

食管上端的肌肉比下端的肌肉更容易受到紧张情绪的影响，而且幸好是这样。当食管下端的肌肉发生挤压，它们通常会"肿起"几天甚至几个星期，在这段时间里，人们会食不下咽，没有东西能运输到胃部，哪怕是水。如果不为此采取措施，一个人会慢慢饿死、渴死。

情绪变化在胃部肌肉的表现

胃是最能体现情感变化的人体器官之一。每个人每天的情感变动，胃都能感受到。当一切进展顺利时，我们会有一个很好的胃口，这是因为胃也能感受到我们愉快的情绪。然而，当诸事皆不顺利时，我们会突然发现自己已经完全失去了胃口。如果接下来有美好的事情发生,或者一个素未谋面的叔叔突然留给我们百万遗产,哇!我们的食欲马上就会回来了。

当胃部肌肉因为某种情绪而紧缩时,由此带给人们的感觉是腹部上方像长了个肿块似的,有人形容它为"结石"。

当胃部肌肉挤压严重时,就会产生疼痛,有时会很严重。这种人常常遭受的疼痛相当于胃溃疡带来的痛苦。在下一章中,我们将看到,情绪是如何让人患上胃溃疡的,但我们现在所说的肌肉疼痛并非是胃溃疡带来的疼痛。

在抱怨有胃溃疡疼痛的患者中,有50%的患者根本没有患胃溃疡,只是有一些情绪变化引起的胃部肌肉疼痛而已。

这两种相似的痛苦是可以分辨的。即使一个人知道自己患有溃疡,他也能感受到其疼痛可能不是因为溃疡引起的疼痛,而是溃疡部位附近的肌肉在收缩。由胃溃疡引起的胃部肌肉疼痛和情绪波动产生的肌肉痉挛很相似。

前一段时间,我碰到一个由情绪诱发胃疼的杂货商病人。因为与其他连锁店的竞争给他带来了极大的烦恼,导致情绪紧张引发胃疼。但这还不是多大的麻烦,这个可怜的家伙还有其他的烦心事。我相信,如果我的妻子和他的妻子一样难缠,我肯定也会和他一样痛苦。这还不是全部,他还有一个不断给他惹麻烦的儿子。这个儿子带来的,不只有小麻烦,还有很多大麻烦。想起他的杂货店、妻子、儿子，这个可怜的杂货商大部分时间都会胃疼。而且，偶尔有些不知情的人会告诉他可能得了胃溃疡。慢慢地，他以为自己真的得了这种病。然而，他去医院检查后，无论哪个医生都告知他根本就没得病。可是这却没能帮助他减轻痛苦，只是令他更加惶恐，让他的胃痛更加严重。

但最后，他开始相信自己没有胃溃疡。他每年会去威斯康星北部钓鱼两次。当他来到离家北25公里处的一个叫贝莱维尔的小镇上时，走在贝莱维尔的大街上，他的痛苦停止了。在这段时间，胃疼没有复发。直到两个星期之后，当时他正走在回家的路上，从园林山看到家乡法院的城堡建筑时，他的胃疼再一次开始。

痛苦停止的地方

在世界著名的医疗机构梅奥诊所里，那里曾有一位著名的大夫也有这种胃疼病。他知道自己的胃疼是因何而起，只要待在罗切斯特市，被病人推推搡搡，再加上乱七八糟的心事，他就会一直疼下去。要摆脱痛苦，他所要做的就是坐上火车离开这个鬼地方。当火车来到威诺纳——不，当火车来到横跨密西西比河的桥中间时，疼痛就离他而去，没有再回来，直到火车再次返回罗切斯特站，他从车窗看见门诊大楼，痛苦又回来了。

医生对于在桥中央时疼痛消失的原因分析是这样的：桥中央是明尼苏达州的州界，火车开到这儿就意味着他离开了他讨厌的地方。

我的杂货商病人也曾说他一直向往贝莱维尔的生活，事实上，过去他一直想住在那儿。当到达贝莱维尔的主街道时，从未有过的幸福感觉一直陪伴着他。这就是让他痛苦停止的地方。

结肠癌是情绪的镜子

人的胃部下方是8.5米长的小肠，这里经常会发生痉挛疼痛，而痛得最严重的部分就是结肠。与其他任何器官相比，结肠就是人们情感的探测头，它对情绪变动的反应非常敏锐。所以几年前，费城一位聪明的医生就发表了"结肠是人类情绪的一面镜子，当精神紧张时，结肠也会紧缩"这样的观点。

我希望你注意到这一点,人已经用结肠证明了一件非常显著的、与情绪表现有关的事情。任何被赋予相同情绪的人,每次情绪爆发时,都会以相同的方式来体现。如果某个人的颈后肌肉都会在焦虑时向下挤压,当相同的焦虑情绪出现时,这些颈后肌肉会一直有同样的反应。

另外一些情绪焦虑的人,可能只有一小段结肠会发生挤压,那么永远是那一小段结肠会对类似的情感给出相同的反应。

如果这样的痉挛发生在右上腹部的结肠,就会引发类似于胆石疝痛的结石绞痛。在我看诊过的50%的典型"胆囊炎发作"病患中,有的人胆囊大得像熊胆,但是,其中大部分人的胆囊还是很正常的。之所以会这样,是因为他们的结肠或附近的肌肉受到了情绪变化引起的痉挛的影响。芝加哥的一位生理学家——安德鲁·C.艾威医生已经证明,情绪激动也能引发诸如胆囊炎等的严重疾病。

情绪诱发胆囊炎状疼痛

可能每个医生都会有将情绪引发的结肠痉挛诊为胆囊炎的经历。我承认我就有过这样的经历。那时我去看诊一位病人,她当时所有的症状都和严重的胆囊绞痛的症状一样。我相信,那天就算是其他医生，他们也会做出同样的诊断。我给她注射了三针止痛剂才彻底平息了她的疼痛。但是，我忽略了这样一个事实：病人唯一的儿子在两天前收到了应征入伍的通知。

在她的儿子前往部队的两天之后，另一个与之前类似的疼痛席卷了她，所有的表象仍然像胆囊炎发作。这一次，我仍然给她注射了三针止痛剂。

第三次也是最严重的一次绞痛。发生在三个月后，也就是在她收到儿子即将离开纽约，要出国参战却未提及目的地的那封信的第二天。从那以后，她的病情日益严重，我不得不把她送进医院。当X光拍摄到她的胆囊时，我很惊讶地发现，那是一个正常的胆囊。然而，我却肯定她的胆囊里有X光也无法拍到的结石。于是，在征得病人的同意后，我们进行了胆囊摘除手术。

在此之后的几个月，这位病人确实感觉良好。我几乎就要认定自己是一个特别聪明的人——如果不是她因为右上腹部产生剧烈的疼痛第四次来到诊所的话，但这次与胆囊炎无关。就在病发前的两天，她收到一封信，信上说她的儿子已经到达北非，并且已经与德国人开战了。第五次病发是在她获悉儿子受伤时。这种病痛的折磨一直持续到儿子回到家里，她才不药而愈了。

情绪性阑尾炎

如果情绪引发的结肠痉挛发生在右下腹部,它会使任何病发的人看上去都像是阑尾炎发作了。即使是一个经验老到的医生可能也无法做出正确的诊断,特别是对于常患这种疾病的儿童群体。通常,为了安全起见,医生会采取手术为病人切掉阑尾。然而,当医生剖开腹腔后,往往看到的都是一段完好无损的盲肠。

有些人在腹痛时,整段结肠都可能会出现疼痛和痉挛现象,相信我,他们的情绪确实很不好。

许多情绪障碍都能引发结肠功能失调,或者说,几乎与结肠有关的所有疾病都由情绪引发,如"结肠痉挛""肠易激综合征""非特异性溃疡性结肠炎"以及许多其他疾病,这些疾病术语都只是情绪诱发的结肠病的同义词而已。

肚子鼓起来了

人们经常抱怨的还有"胀气"和"气肿"。"医生,"他们会说,"我吃的所有东西都变成了气体。""医生,有可怕的东西在我体内发胀"或者"当这种气体形成,它使我胸闷"。一个病人甚至说："我体内来自所吃食物的气体，穿过胸部，经过脖子，呼啸着从耳朵中钻了出来。"

胀气总是能产生一种奇怪的感受。在我听患者们描述这些感受的同时，我也产生了相同的感觉。但是据说没有气体会在我们的消化过程中产生。进入我们肠胃中的气体都是我们在吃食物或吞咽唾液时吞下的。

当我们感觉身体"有气体"或"气胀"时，体内的一段或多段小肠会立即紧紧收缩。它们收缩得很紧，形成一个临时阻塞，使得任何东西也无法通过。这些痉挛阻塞现象可能会持续5~60分钟，甚至更长时间。肠道中的气态、液态物质通过连续不断的正常的肠蠕动缓慢通过肠阻塞处，因此，肠子像气球一样鼓了起来。伴随着痉挛，患者能感受到胀气或者说是腹胀，这是一种非常令人不快的感觉。当最后痉挛突然缓解时，人们经常会感觉到或听到咕噜咕噜的声音。这就是我们常说的"我胀气了"。

消化不良的朋友们，这就是所谓的胀气。在X光的透视下，我曾经看到过多达18~20段这样的肠痉挛发生在一人身上。然而，造成这种状况的原因更令人感到惊奇。

我们曾将彩色的腹部解剖图片放在手术台上展示给那些患了胃肠胀气的病人看。图片中的病人是一名年轻男子，他有过犯罪记录。因为某些医疗上的原因，他的腹腔手术是在局部麻醉下进行的——只有腹腔壁被麻醉了。他的腹部被剖开后，小肠和结肠的"全景视图"清晰地呈现在我们面前，和健康人的没有什么两样，完全正常。

第一张图片拍摄完成。然后医生对病人说："你最近和警察有过冲突吗？"因为医生刚刚得知，他一被送进来，警察就一直在前门口等着他出院。一分钟内，医生看到小肠处明显的抽搐过后形成了几个典型的肿胀。

随后就照了第二张图片。医生问："你现在感觉如何？"年轻人回答说："我觉得肚子全鼓起来了。"

引起打嗝的情绪

打嗝也是这样的小毛病，只不过是发生在胃部而已。当然，我所指的并不是那些精力充沛的人在大吃一顿或大喝一顿之后的打嗝，大多数打嗝通常是人们在与不安或压力斗争时发生的。我认识一位很出色的公众演说家，在第一次登台面对观众做10分钟讲演的过程中，他由于过度紧张，经常无法遏制地打嗝。但一旦他发现了自我，找到了自信，就能发挥正常，打嗝自然也就远离他了。

我永远不会忘记在1942年诊断的一位病人。这个不幸的可怜人以每30秒一次的恒定速率打嗝！无论是在家里、教堂，还是在我的办公室，他都会这样，并且这种状况持续了一个星期。相信我，他想摆脱它！他也曾想尽办法，但毫无效果。一个外科医生曾建议他切断膈神经，固定隔膜来彻底治愈打嗝。

  他的打嗝是如何发生的呢？1942年春天，他卖掉了自己的农场，买了一个面包店，然而面包生意对他来说是一个全新的行业。你可能不知道，那时一切都实行限量供应，他做面包需要的蔗糖、面粉、猪油等原料也不例外，都得按配额限量购买。在经营面包店时，这个可怜的家伙又不精于计算，很快他又陷入了另一个困难，地方配给委员会收回了联邦代理权。就在这个时候，他的面包生意赖以生存的优惠政策取消了。从此以后，这个可怜的店主开始不停地打嗝。我们在同样的压力下也可能会这样。

  很明显，只有一种治疗方法能治愈他。那就是卖掉面包店，然后离开这里。当他听到这个建议时，我们见面以来的第一个微笑展露在他的面容上。交易完成之后12个小时，这个男人停止了打嗝，因为他再也没有了压力。

情绪是如何在血管中工作的

  到目前为止，我们已了解了在消化道肌肉中的情绪引起的相关症状。但我们体内所有的肌肉都有可能受到情绪影响，尤其是血管壁中的肌肉。最明显、最普通的一个反应就是脸红，但也存在着许多其他情况。

头颅内外中等大小的血管，对情绪带来的刺激高度敏感。当这些血管因我们的情绪而收缩时，会引起头痛，不管是常见的头疼，还是更严重的类型，例如我们所知道的偏头痛，皆因情绪引起血管变化所致。85%的头痛都是情绪引起的。在一些人群中，情绪困扰和头痛之间的因果联系是显而易见的。

情绪激动可能会带来一些深层次的大麻烦。人们往往试图隐藏自己某种不愿表露的情绪，但严重头痛最容易在情绪激动时出现。

例如，我的一个病人每次去镇上都会出现可怕的偏头痛，回家后不得不躺在床上一整天。她是一个生活在农场里的挑剔的主妇。对她来说，去一趟镇上，意味着要让房子焕然一新，让孩子们洗漱干净、着装整洁，还要考虑在镇上必须做的事情。更重要的是，她天生胆怯羞涩，一想到要见许多人就惴惴不安。在她决定进城的那一刻起，她的头痛就开始了，当她回家后，她只能卧床休养。治疗她头疼的方法是不言而喻的——不要去镇上。她做到了，不过，她偶尔要到镇上看医生。去完镇上的医院后，她又带着头痛回家了。

情绪引起皮肤病

通过血管表现出来的情绪确实值得我们仔细研究。在美国，有30%的皮肤病被皮肤科医生称为神经性皮炎。神经性皮炎可以发生在身体的任何部位。在情绪变化的刺激下，真皮表层中的毛细血管就会不断紧缩。每次这样，都会有少量的血清从薄薄的血管壁挤出血管，继续这样下去，皮肤组织中就会积聚一定数量的血清。起先，皮肤会轻微地变粗糙、变硬，然后发红。很快就有足够的血清被挤压流向皮肤表层，之前变硬的地方开始红肿，继而破裂、流脓，然后结痂、瘙痒。这就是由情绪引发的神经性皮炎。

我有一位多年患有严重神经性皮炎的病人，他是一位73岁的老先生。在68岁之前他从来没有得过任何皮肤病，在67岁的时候，他的第一任妻子去世；68岁时，他娶了和自己同龄的第二任妻子。在他们的蜜月旅行中，他第一次知道自己患了皮炎，当度完蜜月回到家里，皮炎已经严重到他必须住院治疗。在医院治疗了一个星期后，皮炎症状明显减轻，于是出院回家，回家不久皮炎又复发了。

在皮炎复发的这段时间，他不得不去几百公里之外的镇上出差。在那儿一个星期后，他的神经性皮炎竟然消失了。但一回到家中却又复发了，由于莫林的医疗费比较便宜，他回到了那里。之后不久，他去另一个遥远的城市出差，他发现自己的神经性皮炎也在一周后消失了。还有一次，他的妻子不得不离开家去照顾生病的亲戚，我的这位病人只好独自一个人待在家里，你瞧，一个星期后，他的皮炎又消失了。引起皮炎的原因已经很清楚了。

我问他："在蜜月期间，你的妻子有什么表现？"他马上不假思索地回答道："我发现她盛气凌人、蛮横专制，我对她简直无法忍受！"之后，我们将他的妻子带出诊室，向她解释说她是造成她丈夫神经性皮炎的原因。她不愿意相信自己听到的，但是她答应会改掉这些毛病，努力克制自己的专横霸道。她后来的表现令人钦佩，老先生的神经性皮炎不药而愈。偶尔，有皮炎复发迹象时，我们只要再次跟他妻子单独谈谈就可以解决问题了。

情绪在骨骼肌中的表现

在本章的前面我们就已经谈到过颈部肌肉紧缩是如何引起我们最常见的颈部疼痛的。

通过仔细研究，我们发现：在第二次世界大战期间，我们称之为肌纤维组织炎或肌纤维鞘炎的疾病，几乎总是由情绪紧张引起的。第一次世界大战期间，曾在战壕里战斗过的人有一定的比例感染过这种疾病。当时它被认为是由战壕里潮湿、恶劣和无遮蔽的生活条件造成的。但在第二次世界大战期间，几乎相同比例的士兵在前线战壕患了这种疾病。无论是在寒冷、潮湿的阿留申群岛，还是在炎热、干燥的北非，士兵们患病的比例是相同的。

此外，人们还发现，随着士兵从基地营向前线移动，纤维组织炎的发病人数也在稳步增加。人们最后确定，某种情绪是这种病的诱因。当一个人被迫去做自己不愿意做的事情时，就会产生这种情绪。但如果不是强迫的，就不会产生这种情绪。

在那样的情形下，士兵们就会不由自主地想让自己显得更坚强些，会不自觉地收缩某些肌肉——经常被紧缩的是肩膀带的肌肉。当然，这也经常发生在平民百姓的生活中，毕竟谁都会遇到一些想要逃避的事情。如果这种情况足够严重，或者持续的时间足够长，最后一定会带来病痛。

这种疼痛发生的普遍部位之一是左胸胸肌。当然，同样的情况也会发生在右胸胸肌。但是，比起右胸胸肌，人们更加注意左胸胸肌的疼痛，并且会因之变得更加警觉，因为人们会越来越担心，如果疼痛持续下去，自己会患上心脏病。接下来，人们所需要的就是某个医生对他们低语说："你的心脏可能只是有一点小麻烦。"这样他们就能摆脱掉一种长期情绪诱导的疾病。

纤维组织炎是人类极为常见的病痛之一。大多数人会偶尔患这种疾病，也有一些人会一直忍受它的折磨。我恰巧是后者之一，大部分时间里，我都处在纤维组织炎所带来的痛苦中。当然，它是由情绪变化引起的。每天，我都不得不在办公室里接待无数的病人——人数是如此之多，诊治他们使我身心俱疲，特别是在被某个病人愤怒的家属拦截，不得不承受他们一股脑儿撒出的怒气时。

当我离开诊所去度假时，我的纤维组织炎就留在了我的办公室。当我回到办公室时，就得再次如穿白大褂一般地披上它。举个例子，我右肩膀部位的纤维组织炎太严重，以至于我连一扇纱窗门都推不开。不过我能正确地认识到病痛是怎么回事以及它是如何产生的，因此我对此并不担心。

许多其他不能有幸成为医生的人会担心这种纤维组织炎病。他们恐惧可能是因为他们害怕发展成癌症，或者他们相信自己患有会削弱或丧失劳动能力的严重风湿病等。这完全不符合事实。

纤维组织炎永远不会严重到损害身体，只要你忽略它，它就会消失。它并不严重，只是一种令人讨厌的滋扰而已。

大部分的疼痛会一直持续

在这里,我必须单独为大家列出一个需要时刻注意的、非常重要的一点,当它不被察觉时,人们很容易就会踏上一条漫长而艰难的牢骚之路。

如果在一天之中的任何时间我们停下来问问自己:"我有哪里不舒服吗?"我们通常可以找到一个有疼痛感的地方,也许是脚,也许是下腹部。有时根本说不出来是什么地方会在某一瞬间有一个非常尖锐的疼痛:也许是在大腿处,也许是在胸部,疼痛剧烈到足以让我们在繁忙的劳作中暂停一下。这种疼痛是生命正常历程中的一部分。因刺激而产生的痛苦和血管紧缩产生的疼痛,以及肌肉抽筋产生的疼痛,都是些无法解释清楚的病症。有些人对这些疼痛的感觉比其他人更敏锐,因为他们痛感受器的阈限低于其他人。

已故的E.李伯曼博士是纽约的一位伟大的内科医生。若干年前,他就注意到这样一个事实,有些人比其他人对疼痛更敏感,并不因为他们是长不大的孩子,而是他们能更轻易地感觉到疼痛。他还设计了一个简单的临床试验来告诉我们,人们对疼痛有多敏感。这个实验包括在耳阔正下方、颌角后的茎突处进行挤压。当茎突处被挤压时，不敏感的人就不会躲闪，而一个对疼痛感觉敏锐的人会马上躲开，并且他的表情会随之变化。

对痛感极度敏锐的人来说，他会将正常肠蠕动中的收缩当成一种疼痛。我倾向于同意这句话，因为它解释了为什么一些人会感觉肚子有持续的不适或疼痛。如果他们因自己拥有对疼痛的敏锐触觉而洋洋自得，认识不到自己腹部疼痛的真正原因，那么这些人将一生都是慢性病患者和成为所有热衷于生理构造研究的医生的牺牲品。

如果一个人将所有的注意力和意识都集中到每天都会经历的任何一种常见的痛苦上，那么痛感将成为其生活的主要经验。使轻微疼痛变得更加糟糕的做法就是把注意力集中到某种疼痛上。如此一来，疼痛将开始变得更加明显，放肆并且蔓延，直到你的身体停止工作。

另一个扩大和加剧轻微疼痛的诱因是紧张。它能被许多不同的事例证明，例如当我们处于快乐的状态时，我们会忽视与之同时存在的疼痛；然而，当我们情绪不佳时，我们原本可能长期就有的轻度疼痛会让人感到疼痛难忍。

当人们处于紧张情绪中时，很多人会出现轻微的背部疼痛。可能就是这个原因，每个人都曾偶尔经历过轻微的背部疼痛。通常，短时间肌肉紧张之后的疼痛是这样温和，以至于没有人注意到它的存在；但是当处于情绪紧张期间时，疼痛阈值降低，使得背部痛苦的刺激被高度放大了。

情绪性肌肉症状还有很多

在这一章中，我列出了一些常见的和有趣的肌肉如何体现情绪病的症状。这些症状多得如人体的器官和肌肉，如果我为你一一列出，就太费时、太无聊了。

我只是想让读者明白我们的情绪是如何引发疾病的。而且，人的情绪可引发疾病已是不争的事实。

如果我们懂得这个道理，那么我们对于自己感觉到的大部分身体不适就不会再害怕了。意识到这一点，可以帮助我们避免那些引起病态、残疾、痛苦或事故的疾病。

对于我们每一个人来说，这都是重要的，而且是主要的。

本章小结

情绪通过自主神经系统和内分泌系统对人体产生心理上的影响。一种常见的神经效应是肌肉紧张。肌肉紧张引起疼痛,或是在腿部的肌肉,或是在血管壁或胃部。

紧张的情绪会引发颈后、胃、结肠、头皮、血管、骨骼肌中的肌肉疼痛。情绪紧张引起的肌肉疼痛有像胃溃疡一样的疼痛,像膀胱疼痛一样的肿痛,以及常见的头痛、偏头痛和其他大量的临床症状。另一种情绪性疾病是神经性皮炎。很多疾病包括皮肤病,都会因消极情绪而恶化。

我们通常称为"胀气"的现象实际上是情绪诱发小肠肌肉痉挛而引起的。大多数打嗝都是由在胃部的肌肉受情绪影响产生的。

由情绪引起的疾病还有很多,当我们不幸罹患上某种疾病时,不妨检视一下最近的生活有没有什么让我们感觉到不适的情况出现。

第三章

情绪如何影响呼吸系统

我们无时无刻不在呼吸

情绪变化诱发的一系列呼吸系统病症在人类中普遍存在,并使人产生严重的焦虑。这些症状在医学上称为过度换气综合征。这种病症的发现具有深远的历史意义,因为它是首先被发现由情绪诱发、由化学因素占主导地位的病症。

也许在某个时间,你也会患上这种过度换气综合征。

我们所说的"过度",是指呼吸太深,或太快,或两者兼而有之。你已经注意到了,如果你变得极度不安,你的呼吸会比平时快。在舞台上进行表演的演员就是通过急促的呼吸来表达这类情绪的。通常,我们大多数人在休息时的呼吸频率为每分钟16~18次。如果频率增加到每分钟22~23次,我们自己或那些在我们身边的人,可能不会注意到差异,但我们的身体会很快发现这个变化。接下来我们将解释其中的奥妙。

当你抽泣时会发生什么

当我们呼吸得比平常快时，更多的二氧化碳正从血液中通过肺排出体外，其流失的速度比身体正在形成的速度快。因此，当血液中二氧化碳含量逐渐下降到一个点后，体内会开始发生一些变化。

第一个变化是皮肤下面有蠕动的感觉，接下来，手指和身体的其他部位会出现明显的麻痹现象，并且渐渐变得更加明显，直到最后有针刺的感觉。但不久之后，心脏开始心律不齐，有一种颤抖的感觉，开始只是心脏，接着就会传遍全身。甚至会发生眩晕或晕厥。最后，痉挛越来越严重，直到似乎每个骨骼肌都在抽搐；腿和胳膊因为痛苦的痉挛而扭曲在一起，我们常称之为手脚抽搐。我们确实遇到过这样的病人，当他们特别难过的时候，从吸气的那一刻开始就会出现上述种种症状，最终以手脚抽搐结束。

例如，某天一个农夫因为他的儿子掉到了干草堆里而受到刺激。我赶紧去他的农场，到了那里，我发现他躺在地上抽搐，这是因情绪激动以致呼吸过度。他比已经掉进干草堆里的儿子需要更多的关注。这个人的过度换气综合征时常发作。

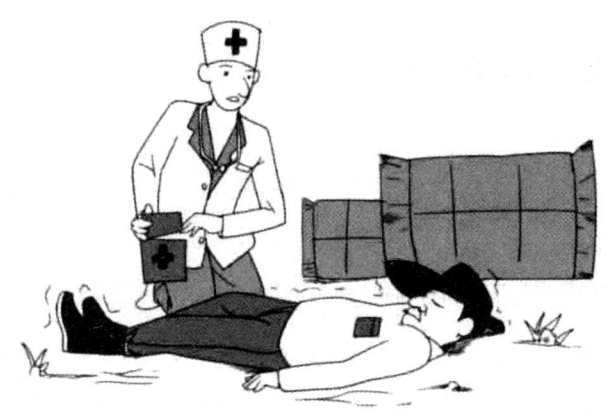

有一天,镇上的一个牙医打电话给我,让我马上去他的办公室,因为一个农夫正在大发脾气。但是我看到的是农夫躺在地板上抽搐。他一整天都在为要来看牙医而担心致使他呼吸急促,最终在牙科医生的椅子上发作了。

有一些病人,过度换气综合征发作时的症状表现得比抽搐还严重。很常见的就是吓坏了的病人会感觉好像有成千上万支针在刺他,心狂跳得厉害。也就是在那一刻,他很害怕,因为他从不曾有这种自己正走向死亡的感觉。还有些病人会在呼吸过度时或之后出现头晕或者晕厥。曾经一位年轻的女士不得动弹地在床上躺了两个月,因为她不间断地出现呼吸困难。一旦她想站起来,她就会晕倒。

在睡眠中过度换气

关于过度换气最有趣的事情之一是它常发生在我们的睡眠中。如果你去看一个沉睡的人，尤其是生活状况处于麻烦之中的人，会发现他长时间呼吸得比普通人更快，然后又在一段时间内保持平静的呼吸，整晚都只是这样的循环。

我们的大脑从不休息：我们在夜里的每一分钟都在做梦，并且当我们熟睡后，普遍意义上的脑部工作依然没有停止。

白天时，如果街上有人对我们说了脏话，那么晚上他可能会出现在我们的梦中，领着一群强盗将我们追赶到陡峭的悬崖边。即使在睡觉的时候，我们还是会做出好像我们真的正在走向灾难的情绪反应。我们辗转反侧，难以入眠。

在我20年的医疗实践中，几乎每隔一周就会有一次，我会在凌晨两点左右被叫醒去出诊。因为有一位患者得了换气过度综合征，他常在自己被推下悬崖的那一刻醒来，而那时恰好是凌晨两点。当他突然醒来时，换气过度综合征的症状已经到了心跳过速、手脚麻痹的地步了。他想当然地以为自己会死于心脏病。还有一个在同样时段从15公里之外的地方打来的电话。丈夫对着电话大吼："我的妻子就要死于心脏病了。快来！"

我对他们有一定的了解，我以十比一的赔率打赌他的妻子得了换气过度综合征。当我进门时,我很高兴能及时赶到,因为丈夫和妻子都因呼吸急促而手脚抽搐,到了需要及时医疗救助的最坏的病发程度。

事发的经过是这样的:妻子从睡梦中醒来发现自己的手麻木,心脏在剧烈地跳动。她首先想到的是"我的心跳就像我母亲心脏病发作时一样"。她唤醒了丈夫,告诉他自己的感觉。丈夫首先想到的是"我老婆的心跳就像我父亲曾经的心跳一样"。他们更紧张了,继续呼吸过度。而令他们吃惊的是,他们依然活着。

有时,沉睡的人可能不会轻易醒来,直到呼吸过度引起腿部抽筋。晚上腿部抽筋的情况很常见,但是能够预防。

本章小结

　　一个人在压力情况下容易呼吸急促，也就是呼吸的速度会无意识地比正常快。当出现这种情况时，他呼出太多的二氧化碳从而减少了血液中的二氧化碳含量。当血液中二氧化碳的含量降到某一水平时，人们会经历麻木、刺痛、心跳过快、颤抖、昏厥、虚弱和痉挛。有些人会经历所有上述症状，一些人的症状还会比别人更严重。

　　过度换气容易在我们睡眠时因梦中的情绪而发作，我们经常会因过度换气症状而醒来，并且，如果不知道它们是怎么回事，我们就会担心即将发生的事。

第四章

情绪如何通过腺体诱发疾病

这不是神经紧张引起的

医生和普通人很早以前就知道,从某种程度上来说,人类的情绪诱发病和神经系统有很大关系。以下的谈话都是生活中常见的:

"是你神经紧张。"

"我太神经紧张了。"

"如果我能让神经不那么紧张该多好呀!"

"我的神经紧张得厉害。"

"我就是个神经容易紧张的人。"

"如果能改善一下神经紧张就好了。"

事实上,在情绪性疾病中,神经系统并没有什么不妥。它们和身体里的其他器官一样正常。神经系统所起的作用就像是一个传话者,告诉结肠该收缩了,或者是通知心脏要加速了。

就像我说的，我们很早之前就已经知道神经系统和情绪性疾病之间的联系模糊不清。像兰格医生、坎农医生、丹巴医生、乌尔夫医生、沃尔佛医生以及其他很多医生，都向我们展示了疾病是如何诱发的。在前面的章节中，我们已经回顾了一些由负面情绪诱发的病症。汉斯·塞尔伊博士（即后来的蒙特利尔的塞尔伊博士），在1936年就开始了他的研究。许多人加入了他的这项研究，跟随着塞尔伊博士这个首创者一起工作。今天这个伟大和惊人的新篇章——对疾病的一种新诠释——才得以被写在情绪诱发病中。在1936年之前，这是我们难以想象的事情，或可以说情绪性疾病发病机制相比其他众所周知的病症来说，就是一片未开发的处女地。新知识的积累也才从此真正开始。

我们今天所知的人体中内分泌腺和神经系统在情绪诱发病中一样都起媒介作用。更重要的是，内分泌对情绪病的这种作用在规模和重要性上远远大于神经系统。因此，我们应该说"这是我内分泌系统的原因"，而不是"这是我神经紧张造成的"。

情绪在垂体腺工作

汉斯·塞尔伊博士是研究人类左右脑下垂体的先驱。

仅仅从脑下垂体的位置在身体最隐蔽的部位这一点就可以推测脑下垂体一定至关重要。它位于脑中头骨的底部，深埋于一个像碗一样的骨头中，免受几乎可以想象的任何伤害。脑垂体如此深受保护，让我们有了一个这样的猜测：它是人体最重要的器官。事实证明的确如此。

脑下垂体大小像一粒成熟的豌豆一样。然而，尽管它的体积这样微不足道，但是不妨碍它是我们整个身体的控制调节器。它能分泌出各种各样神奇的荷尔蒙（荷尔蒙是在血液中流动的物质，对身体的其他部位也起作用），其中一些是已知的，有一种已经被确认下来；还有其他的则只是怀疑，尚未得到证实。

我们知道有一种激素会引起血压升高，有一种会使平滑的肌肉收缩，有一种会抑制肾脏产生尿液，有一种则刺激肾脏产生更多的尿液。还有一整群的激素会调节其他内分泌腺。这些腺体产生更多的激素来调节身体的各个器官和组织。

脑下垂体总是在工作。它就像是一个悄然而有效地、日夜不停地制造对我们身体绝对必不可少的福祉的工厂。整个身体的健康都依赖于其正常运作。

但是，脑下垂体还有比这更重要的任务。它不仅控制我们的生理节奏，而且是免使身体受到任何威胁的关键防御中枢。为使身体免受侵害而能健康运转，这一关键部位提供了保持人类身体健康的各种必需激素。

对身体健康构成威胁的情绪，汉斯·塞尔伊博士称之为"压力"或应激反应。脑下垂体对大量的、以任何方式威胁我们健康的各种压力做出反应。脑下垂体不仅要在身体正常时担任控制调节器，也要在身体处于威胁之中时适当调整身体器官以适应情况的改变。

负面情绪给内分泌系统带来的破坏最严重

威胁身体健康的压力非常多。某些压力将刺激脑下垂体产生过量激素，另外的压力将刺激生产另一种激素。

细菌入侵和病毒感染就是这样的两种压力，与之相应的垂体反应就是产生激素，调动机体的防御机制。类似的紧张性刺激还有很多，比如受凉、暴晒、严重肌肉损伤、药物反应、受伤、手术等等。

塞尔伊博士从他的研究中了解到，最大的压力就是心理压力，即不愉快的情绪。不愉快的情绪可以刺激任何种类的激素。更重要的是，非常激烈的情绪会比其他类型的压力产生更直接、更深刻的影响。

在第一章提到的那个病人，当妻子杀了他们唯一的女儿，并且随之结束了自己的生命，这个人一下子病倒了。但是，更重要的是，情绪上的压力比其他的压力持续的时间更长，而传染病只会持续一两个星期。肌肉过度劳损对身体的影响可能更短。我们即将讲到的就是这种长期影响对人体的危害。

利尿激素

利尿激素并不是很重要，但它说明了紧张性刺激，包括情绪压力是如何作用的。

利尿激素使肾脏增加排泄的尿量。有一天一个学校的男孩进行地理期末考试，而他觉得自己完全没有准备，他很紧张、焦虑不安。在考试即将开始前的两分钟，男孩突然意识到，他必须离开考场。这不只是想法，他确实也这样做了。

他的紧张情绪刺激垂体产生利尿激素，反过来，激素刺激肾脏增加尿量的排泄。离开房间的想法并不能结束他的痛苦，反而给他带来了灾难。灾难真的发生了，因为老师不了解激素和情绪的影响，拒绝让他离开房间。孩子的父母将我当作医疗顾问并打电话给我。沮丧的是，男孩原本可以通过地理考试，而这意外妨碍了他。这个男孩可真应该"感谢"情绪和激素。

生长激素

生长激素是脑下垂体分泌出来的最重要的一种激素，简称STH。STH直接作用于身体，它的阿尔多诱导肾上腺产生皮质酮，也和STH的作用机制一样。STH调动机体防御系统（包括抗体、白细胞等等）抵抗任何一种感染。

我们过去认为，"生病"的直接诱因是细菌或病毒。塞尔伊博士却向我们证明了STH也与"生病"有关。任何感染产生的初始症状都是相同的。

如果感染是温和的，如感冒或流感，染病的症状很可能就是头痛、疲劳、食欲不振和体温升高。但如果感染很严重，引发的疾病症状也会相应变严重。感染的一系列症状有炎症、肿胀、发红、发热，体温迅速上升，还有一般的疼痛、头痛、胃肠道不适、食欲下降、体重减轻，尿中蛋白、钾和磷酸盐含量增加，并伴有皮肤疹。

　　上述所有症状以及其他更多都是由STH诱发的。如果注射了抵抗STH的促肾上腺皮质激素的话，这些症状会很快消失。

　　但STH在调动身体防御感染的同时，也会产生病症。它会动员抗体去吞噬入侵细胞。事实上，这个生病症状就是在防御入侵细胞时的一种有益反应。如果没有STH，我们首先就会冷死。

　　STH也会受压于黑暗、阴郁、徒劳绝望的情绪。我的患者G太太，她得了一个普通的感冒，产生微量的STH，使得她对寒冷有病态、抑郁和绝望的想法。因此，她在感冒的同时又给STH增加了情绪压力。因此，G太太在并不怎么冷的时候也总是生病，差点得了重症肺炎。其实她对感染的抵抗力是强大的，因为STH完好无损。但即使每一个感冒的迹象都已经消失了，她仍然病了很久，因为她的情绪依然在对STH施加影响。

　　在开始感冒时，她的态度是："哦，上帝啊，饶了我吧！可怕的感冒又出现了，我现在太糟糕了。从整个冬季开始，直到夏季，我都会得重病。这些感冒总是那么可怕，它们让我难以起床。我的背疼得厉害，头疼使我痛不欲生，我知道这将结束于肾脏感染。"

　　毫不夸张地说，G太太经常将所有的痛苦归结于漫长寒冷的冬天，而不认为只是一次简单的感冒。我见过她几次，当她以为自己感冒了时，其实没有一点感染存在的蛛丝马迹，但她的情绪刺激STH足以诱发严重的疾病症状。有趣的是G太太就像她自己所描述的一样虚弱。

长期STH压力——STH应激性疾病

长期的低级STH压力能引发慢性感染，例如扁桃体炎或牙龈感染；但长期的STH压力更容易引发长期的不良情绪。无论是慢性感染，还是长期的不良情绪，最终的结果将是相同的。

在这种强度的STH压力下，人会疲劳，并且可能会多处疼痛或引发一些其他的急性并发症。随着长期STH压力而来的是新的疾病过程的开始。

塞尔伊博士通过长期注射STH到动物身体中来了解STH应激疾病。后来他发现，这些变化也会令动物产生慢性感染，或长期的不良情绪。如果他注射STH，并给予动物高盐饮食，动物不久之后就会患上恶性高血压；如果给动物的是高蛋白饮食，STH注射会引发肾硬化；如果调节外部环境的冷热和湿润程度，STH注射会引发类风湿性关节炎；如果是用吸入剂轻度刺激支气管（这本身无不良后遗症），动物会发展成哮喘；如果用STH来调节结肠痉挛，这会引发严重的溃疡性结肠炎。

由STH引发的所有这些疾病，以前我们不知道原因，如结节性多动脉炎、播散性红斑狼疮，诸如此类一些冠冕堂皇的病名，只当它们是由与STH有关的某种因素（尚未确定）引发的"过敏症状"。

哮喘，一种STH应激性疾病

我们开始知道情绪如何引发哮喘始于塞尔伊博士的有效研究。不久前，我们认为哮喘是因为身体的过敏性体质诱发。其实，在极少数情况下，过敏才是哮喘的起因。

几年前，我们得到的证据表明，许多情况下，哮喘的发作是受了感染，并且因为重复感染而变得越来越严重。现在我们看到，由于STH，在发生感染的情况下，哮喘病发可能是由情绪诱导的，紧张情绪会加剧症状。

D太太似乎是一个快乐的女人，她在所居住的城市有着非常积极的社交活动。她的孩子们长大了。一个女儿糟糕的婚姻成了她的心病。D太太的丈夫在53岁时做了一件非常愚蠢的事，几乎击垮了她。最后，作为发泄方式，D太太一进入办公室工作，就会工作很长时间，直到凌晨才回家。她这样做只为了让公司老板称赞自己工作完美无缺。这样工作一天之后，她不知所措地承认，自己感觉完全被孤立了，并彻底累垮了，这时，D太太的哮喘首次发作了。第二天，哮喘已经严重到需要住院治疗。在接下来的6个月，D太太反复住院，没有发现什么异常病因。

表面上她是一个充满欢笑、和蔼可亲的人，似乎没有遇到过困难，但实际上她很紧张、沮丧、绝望和无力。她的生活根基已经彻底动摇。在办公室工作是试图证明自己有用、并没有失败的最后一击，她努力让自己看上去快乐，这是一个值得称道的努力。但她的哮喘给她带来了最大的恐惧。每一次哮喘发作，她的恐惧就会增加一分，因此，哮喘越来越严重，且难以控制。

因感染而引发哮喘病和因情绪压力而导致哮喘病发，这两者很容易区分。后者通常更严重，更难以控制。而病人死于感染性哮喘是非常罕见的，但我见过很多病人死于情绪诱发的哮喘。

当然，也可以将因感染而患上类风湿性关节炎的患者与因情绪压力引发类风湿性关节炎的患者分离开来。显然，后者更严重。

山姆和他的慢性STH疾病

山姆，一个被沮丧、气馁、徒劳等情绪跟随了一辈子的农夫——正是STH压力表现的一种——有长期的应激性疾病临床反应。当山姆还比较年轻时,他患上了类风湿性关节炎,但并不严重,只是有一点疼。后来发展成了哮喘,病发的程度从来没有这么严重过,致使他不能继续工作。后来发展成高血压,现在他已经肾硬化了。谁都可以肯定地说,所有这些疾病促成了山姆悲观情绪的形成。但最重要的事实是,山姆的情绪诱发了这些疾病。

促肾上腺皮质激素

脑下垂体分泌的促肾上腺皮质激素(ATCH)并不直接作用于人体,但会刺激肾上腺。肾上腺产生的皮质酮以许多明显的方式作用于人体。然而,由于皮质酮是在促肾上腺皮质激素的刺激下产生,我们将其作用等同于ATCH所起的作用。

ATCH的主要是起与STH相反的作用。通过注射足够数量的ATCH,人体就能完全抵消STH的影响——它的抗炎作用能够防止感染,使人免于生病。这个作用在医学上已经被证明了。人们必须相信自己所看到的。

例如,一个病人可能患了严重的大叶性肺炎。他的体温高度40.5℃,脸通红,嘴唇发青,呼吸急促,胸部一阵阵刺痛。他筋疲力尽,浑身疼痛。

如果医生给他静脉注射足够的ATCH,短短4小时,他的体温就会恢复正常,脸上的潮红退去,疼痛消失,疲惫感也消失。他呼吸平静,感觉自己很强壮,也可以行走自如,胃口大开地好好吃一顿。他看起来就好像从来没有生过病一样。有人会说,看,他痊愈了。

但是实际上,STH的影响虽然已经消失,但感染源依然存在,被ATCH的防御作用克制住了。如果一直感染STH,传染病就会像星火燎原一样迅速蔓延。虽然个人感觉良好,但肺脓肿或脓胸依然存在,继续发展会使病人丧命。

ATCH对任何感染病都有相同的缓解症状的作用,也会带来致命的后果。这就是为什么一个谨慎的医生不给曾患过结核病因恐惧而引致旧病复发的人注射ATCH的原因。

然而,如果是给一个有应激性疾病的患者注射ATCH,则会产生截然相反的结果。在这种情况下,感染则会消失。例如,如果给患有类风湿性关节炎或支气管哮喘的人注射ATCH,哮喘或关节炎将得到治愈——只要ATCH能继续对感染发挥作用。但当停止注射ATCH时,哮喘和关节炎将会再次复发,因为没有任何事物能阻止STH压力。

ATCH已被使用,并在所有的应激性疾病中获得成功。然而,以目前我们的知识水平,对它的应用有一个很大的限制,那就是持续使用ATCH导致ATCH应激性疾病,就像STH那样。

ATCH应激性疾病

我们判断一个人是否患ATCH应激性疾病的两种方法，无非是看一个人是否通过长期注射ATCH来抵御STH应激性疾病或有长期的情绪紧张与压力。能够刺激ATCH的情绪类型是强烈的不愉快情绪，例如逼迫着自己坚持不懈地朝着目标前进的强迫情绪，或好战的不满情绪。

一个普遍的ATCH压力的影响是引发消化性溃疡。几乎每一个感染了ATCH的动物，无论时间长短都会发展成溃疡，这种情况同样会出现在人类身上。溃疡是一种可控的疾病，因为刺激ATCH的情绪是一种易于控制的情绪。然而，可控并不表示情绪不会按照特定的轨迹发展诱发溃疡。

有强烈不满情绪的人都会成为疾病"候选人"。在一些嘈杂环境工作的人，患溃疡的比例很高。处于充满刺激性的高噪音环境中的他们很容易患溃疡。

但是，让我们看一下ATCH分泌过剩时惊人的化学影响。它清晰地指出，由于情绪变化给内分泌带来的压力，其应激性化学作用不仅是惊人的，而且是形式多样的。

一个重要的ATCH应激性反应试验

塞尔伊博士和他的同事选定了两组蒙特利尔的儿童作为试验的对象。一组选择的儿童都来自不幸的家庭；另一组儿童选自幸福的家庭，这些孩子们也感觉幸福。

这两组孩子同时在一个环境非常好的大学食堂就餐，吃的同样是精心准备的食物。当时营养师也在场，想看看孩子们是否喜欢这样的食物。除了在同样的食堂吃饭外，所有的孩子都和往常一样，居住和生活在他们习惯的圈子里。

在预定时间结束时，实验人员发现来自幸福家庭孩子的体重比同龄孩子增加了，超出了正常平均水平；而来自不幸家庭的孩子们，虽然吃着同样的饭菜，他们的体重却依然维持在正常标准之内。在试验期间，通过确定的实际检测，人们得出这样的结论：不幸的孩子压抑脑下垂体产生过量的ACTH，这反过来又产生了皮质酮，皮质酮又会影响蛋白质的新陈代谢。这是一种有趣的链条关系。人体将能形成蛋白质的多余的氨基酸转化成葡萄糖，这些氨基酸由肠道消化吸收进入血液。但是，转化为葡萄糖的氨基酸的数量远远少于维持人体所需蛋白质的数量。尽管他们饮食良好，但许多不幸家庭的孩子体内的蛋白质一直大量流失，消耗掉的蛋白质数量远远大于自身合成的蛋白质数量。

来自幸福家庭的孩子则恰恰相反。他们的脑下垂体受到最佳刺激，将氨基酸转化为最佳数量的蛋白质。在观察期间，有心理压力的儿童得传染病的人数也较多，因为ATCH的过剩分泌降低了他们对传染源的防御力，这些都取决于STH。

慢性ATCH应激性疾病的临床反应

这种病最常发生在对生活长期不满的人身上。他们愤恨、沮丧、受到伤害、长期心怀怨恨，经常努力将某人或某事改成他们想要的模样。

V夫人正是这样的一个人。她的生活就是一连串的疾病，而且都是不同的ATCH应激性疾病。在少女时代，她就不断生疮、感冒和脓肿。没有人能理解为什么她对传染病毫无抵抗力。她不喜欢自己的老师和学校的管理方式，她常和自己的同学生气。后来，她成为一个商店售货员，但是情况依然如故。

经过一段时间的疗养后，她结婚了。她的丈夫后来成为她不满的主要对象，她总是抱怨丈夫的收入束缚了自己的生活。当我第一次看到她时，她患有严重的溃疡和肠易激综合征。即使采用了最细致的医疗护理，该溃疡在未来几年里都没有愈合。她的情绪反复无常，常常拒绝医生给她做溃疡手术。但溃疡的不断加重让她不得不走上手术台。

手术后,她非常虚弱,伤口愈合缓慢,没有真正得到恢复。手术之后不久她的肺部感染,逐渐变得更糟,直到引发多发性肺脓肿,她不得不最终摘除部分的肺。紧接着她患了直肠瘘。在50岁时,她又患有非常严重的骨质疏松症。没有人能预测这个可怜的女人接下来又会患什么病。她的病,当然与她的性格有一定关系,但与其他因素有着更紧密的关系。

能立即直接作用于尤其是像V夫人这样的人的因素是他们的个性,情绪压力对个性的刺激就像鼻子在脸上一样突出。这些人用酒精麻痹自己,让自己暂时从情绪影响中逃脱,这并不罕见。他们很容易慢性酒精中毒,并发展成肝硬化,在酒精因子的调节下,肝硬化是ATCH过度分泌的结果。

内分泌系统研究的未来

在这一章中,我们知道了脑下垂体分泌激素会给情绪带来影,这些激素的影响仅在一个粗略的范围内。在激素合成过程中,当产生了不等量的压力时,会发生什么呢?这是我们今后致力研究的一个重要问题。事实上,内分泌应激反应科学之门几乎不曾被完全打开过,但是治疗应激性疾病的新时代即将来临。

本章小结

内分泌腺（脑下垂体、肾上腺、甲状腺、甲状旁腺、胸腺、胰腺和性腺）调节我们身体的正常功能，但它们也启动和调节人体对压力、威胁力的反应。脑下垂体是控制其他所有内分泌系统的主内分泌腺。

脑下垂体受压力刺激分泌出的激素会增加1种或12种。常见的压力是细菌或病毒感染、寒冷、潮湿、干燥或高海拔、肌肉劳损、饥饿等等。但这之中最严重的是情绪上的压力。情绪上的压力会比其他任何压力都大。情绪压力通常会比其他压力持续更长时间，并且像其他类型的压力一样产生相同的影响。

感染刺激垂体过度分泌STH。失败、徒劳和沮丧的情绪有完全相同的作用。STH的直接影响是致使疲劳、疼痛、恶心、乏力及炎症等。长时间的STH分泌量增加会引发各种症状，如哮喘、类风湿性关节炎、高血压、肾硬化、红斑狼疮等。

激烈的不愉快情绪——比如必须经常执行经营管理的行政人员、一个十字军首领或改革家就比较容易有这种情绪——容易激发垂体的ATCH分泌。ATCH能够阻止STH产生的所有影响，包括对感染的防御；ATCH也会引发消化性溃疡、各种糖尿病，减少人体中的现有蛋白质含量和引起其他变化。

  总而言之，在你发泄情绪之前，好好想想将会给自己带来什么后果。

第五章

好情绪就是最好的灵丹妙药

好心情是良药

在医疗人士开始了解功能性疾病发病机制的那几年,他们一直忙于宣扬坏情绪的不良影响,但是他们忽略了强调好情绪的影响。最终这些努力带来的益处也只是告诉人们不良情绪是有害的。

事实上,据我们所知,良好的情绪对于人类的健康来说是最伟大的力量。我们吃过的药中,唯一具有与好的情绪相匹敌的治愈力量的一种是抗生素(如青霉素),另一种是ATCH和可的松。ATCH和可的松的用处受到限制是因为它们可能会有副作用,我们还不知道怎样抵御ATCH应激性疾病。

我们无从得知身体怎样才能达到激素最佳平衡点。但有一个方法能使自己达到激素最佳平衡状态,那就是让自己的身体处于愉悦和快乐的情绪中。

良好的情绪对身体的影响是正面的，而不良情绪则是负面的。好情绪的"药用"价值不可估量。

良好情绪的强大影响

波士顿的保罗·怀特医生，美国的首席心脏病专家之一，是第一个注意到这个事实的人。

怀特医生在1951年12月的《内科医学年鉴》中给出例子来说明自己的观点。怀特医生有一个病人，是两个孩子的年轻妈妈，她有一个酗酒、一无是处的丈夫。她患了严重的风湿热。她已经在床上躺了三年，医生断定她最多还能活一年。

如今，这个年轻的女人可以注射ATCH或可的松，由此来改善她的病情。但在这个故事发生的当时，这当然是不可行的。

这个年轻女人的情绪一直处于危险的低迷状态。即使她的病情有所好转，她还是危在旦夕。然而不幸接踵而来，她的丈夫去了未知的地方，丢下这个女人和两个孩子，没有留下任何东西。病人遭逢此变，但反而走出了消沉状态。

当怀特医生来给她看病时，她坚定地说："医生，我决定要让自己好起来，我要工作来养育我的两个孩子。"

怀特医生回答说："亲爱的女士，我希望你可以，但你的心脏会支持不住的。"

现在,需要提醒的是,并不是怀特医生低估了她的心脏承受力。像保罗·怀特医生这样的专业人士,只要检查过心脏,都能准确判断出其状况。但是怀特医生低估了ATCH(在当时是未知的)对生理的影响和某些情绪刺激ATCH使其产生正常激素的可能性。不顾怀特医生的建议,这位年轻的母亲鼓起勇气、满怀决心、热情和快乐地下床去工作了。她抚养她的两个孩子8年后才离开这个世界。

任何细心的医生都能从自己的临床经验中找出类似的故事,这种病例在术后很常见。我们的诊所曾做过一个复杂而艰难的手术:从恶性肿瘤中挽救一个人的生命。手术三天之后,医生让我去看看病人,他当时说:"这个人不行了。"

我看了他的医疗病历,记录显示这个人确实看起来即将死去。我走进他的病房。那个男人神志清醒,但这已经足够。

我说:"亨利,今天好吗?"

亨利露出一个大大的笑容,眼睛里发出坚定而充满信念的光芒(我不知道他在哪里得到这样的力量),真挚地回答:"我很好!我再过几天就出院了。"这就是亨利的态度。他果然痊愈。如果他接受了绝望的情绪并且被当前的病情打败,我相信亨利会死去。

另一个让我无法忘记的病人是一位中年女士,她因为无法控制的出血性疾病而住院。她的病情似乎每一天都在变得糟糕。每一次巡视病房时,我都不再对她报以希望。但当我问她感觉怎么样时,她始终保持乐观和勇气回答我:"我感觉很好,我今天想坐起来。我在家就能很快做到。"她病愈了,不是因为我给予她的任何治疗,而是因为她的良好心情。

好心情产生最佳的激素平衡

这些人以恰到好处的方式刺激他们的脑下垂体,从而使激素达到平衡,但人工注射荷尔蒙却达不到这样的目的。别忘了,这些都是同样的激素,一样的强大和有效。但是良好的情绪产生数量合适的激素,而不良情绪只会产生不当数量的激素。

好心情创造奇迹

我们已知的激素知识,虽然不完整,却揭示了许多看似神奇的医疗奇迹。当我们更好地理解它,我们的世界就会变得越来越美好,比古人所能想象到的神奇成千上万倍。

让我们举例说明。在有抗菌剂之前,一个黑人的肾脏被感染。当然,抗菌剂能在24小时内就将之治愈。但是在1934年这是一种很严重的疾病。这个病人总是被急躁和强烈不满情绪所支配,所以他的病情变得更糟。如果他有激发ATCH分泌的情绪,他就能抵制STH可能会产生的任何侵扰,但是他却对感染毫无抵抗力。

后来这名患者遇到了一位巫医。这位巫医使病人变得开朗、热情、充满希望并勇气可嘉(所有这些我都不能做到)。之后,在这个病人身上发生了奇迹:荷尔蒙分泌达到最佳平衡状态,使他对STH有了最大免疫力。依靠人体自身的免疫力就是那个时代唯一的治疗方式。不久之后这个病人就好了。

同样的效果也会发生在以其他任何方式使得情绪变好的人身

上。怎样获得良好的心态并不重要，关键是要有良好的情绪。

自有人类以来这种事情就已经发生了，我们现在才开始领会它的真正意义。

良好情绪的两大效用

别忘了良好的情绪有两大普遍的效用。

首先，它们能够取代产生压力的坏情绪。

其次，它们自身能够影响脑下垂体，使内分泌功能达到最佳平衡状态。所谓的最佳平衡状态，就是我们人类常说的"哎呀，我感觉很好！"

为什么不好好活着？

我们得明白所谓健康的生活，就是有更多的正面情绪而不是其他，所以很显然，正确培养和处理我们的情绪，生活就会变得简单。

迄今为止，教育在很大程度上是指培养智力，当然这也是非常必要的。但是一个拥有很高智商却情商不高的人，将会活得很惨。一个人如果智商低，但情商高的话，那么生活也将是甜蜜的。

事实上,如果一个人能将所有的情绪朝正面的方向引导,他将比高智商的人更容易获得良好的情绪。对于任何人来说,实在没有必要受坏情绪影响。很多人之所以情绪不好,是因为几千年来我们忽视了控制情绪的训练。

本章小结

健康的情绪对脑下垂体的影响和压力情绪产生的影响一样大。

良好的情绪，比如平和、镇定、勇敢、坚强、愉悦，都会刺激脑下垂体分泌激素以达到最佳激素平衡。这种平衡所产生的效力可能比世界上的任何药物都更加理想。

第二部分

如何控制情绪，

　　享受健康与幸福

第六章

基础情绪是不幸与幸福的根源

每个人都有两种情绪层次

如果想要了解情绪对我们的影响,重要的是要对它们有足够的认识。

我们都在同一时刻有两种不同的情绪。或者说,我们有两层情绪:每个人都看得到的外层情绪;以及除非学会了窥视内在,否则没人能看到的深层情绪。位于深层次的情绪,我们可以称为基础情绪,处于外层次的为表层情绪。通过实例我们能更好地理解这两种情绪。

我们假设今早你犯了一个错误,或者说你犯罪了。假定这是你第一次犯罪,很显然,你不是一个惯犯。你很害怕,满腹罪恶感。你强烈地希望你做出可怕行为的那一刻被抹去或者没有犯罪。当然,最后你会被追查你行踪的警方逮捕。在接下来的几小时里或几天中,或许你会不断有恐惧、焦虑、悔恨这些基本情绪。

情绪通过外在形式表现，没有身体变化，就没有情绪。因此，在几小时中或几天中时刻存在的愁闷、忧虑的情绪会令你的肌肉紧缩，过度刺激内分泌腺。因为这些情绪表现会让你感到不舒服。

当你的精力无法集中在别的事情上时，可能会有一些征兆，产生一系列的表层情绪，其中一些可能看似开朗愉快，哪怕基本情绪肆无忌惮地在你的体内继续翻涌。有时从外表上看，你是一个快乐的人，你的玩笑是发自内心的，你的心情是轻松的。但在你的内心，你一直知道真实的情况，甚至你因为别人的笑话而欢笑时都能在心里感觉到那可怕的情绪。

这种基础情绪在白天会像舞台上的黑幕一样将你笼罩。表层情绪在黑色幕布的映衬下无所遁形，哪怕时间很短，也会占据整个舞台。在事前、事中、事后，基础情绪会一直存在。

基本情绪对人的影响最大

基本情绪比表层情绪更容易诱发身体疾病，因为它们总是持续不断的，而且往往是根本上的不愉快，并且会持续很长一段时间，比诱发它们的事件或情况持续的时间还长。

基本情绪可能会持续一辈子，很多人无法感知它的存在，但它可能会在不知不觉中带来各种意想不到的病症。

27岁的沃尔特是一个友好、可爱和令人愉快的年轻人。他很讨人喜欢，整天都乐呵呵的，光顾过他加油站的人都认为他是一个幸福的人。但对于那些了解他的人来说，这只是表象，当他满面愁容的时候，他忧郁而严肃的眼神就好像有什么不幸的事即将发生在他身上。几乎没有朋友知道他在6岁时就已经患有慢性腹泻，而且情况在不断恶化。

这一切都是因为在5岁那年，沃尔特和他的父亲一起驾驶马车出游。突然，有暴风雨要来临，一道闪电击中了他的父亲和两匹马，父亲倒下了，之后再也没有起来。从那时起，沃尔特就再也不能摆脱掉恐惧和焦虑的基本情绪。在他身上，这些情绪的影响体现在结肠部分。无论表层情绪是否存在，基本情绪是一直存在的。

战争情绪

战争或其他可怕的冲突事件会令人产生战争情绪并且持续多年，尽管表面上人们平静、开朗和安详。

来自未能满足基本需求的情绪

引发不愉快情绪的最常见的原因，我们将在第九章中讨论的爱、安全感、被认可、创造、新体验和自尊心这六大基本心理需求时重点介绍。

源于不成熟的基本情绪

另一个造成无益的基本情绪的常见原因是心理不成熟，以及由一个不成熟的个性本身产生的问题。其中一些我们将在第七章讨论。

愉快的基本情绪

　　幸运的是，人类还有一层习惯性快乐的基本情绪。我们所说的人的开朗性格比世界上任何财富都更值得拥有。事实上，这种财富的存在很少被发觉。

　　一个开朗愉快的性格，也就是说，幸福的基本情绪才应是儿童教育的目的。培养他们形成这种性格，他们将拥有超过自己以任何其他方式所能得到的幸福。如果你已经长大了，但是没有形成开朗乐观的性格，从现在开始培养也还不晚。

本章小结

任何时候，每个人都有两种不同的情绪。每一种情绪都能在我们的身体里引起各自的物理变化和化学变化。

表层情绪是我们每一分钟都会表现出来的一种情绪，例如当别人给我们一盒糖果时，我们满脸洋溢的笑容。

基本的或深层的情绪确实是我们对生活的世界内在感觉的基调。当我们的儿子是敌人手中的一个人质时，我们内心深处固有的那种感觉；当我们切身感受到社会的阴暗时，我们的心里的那种感觉；当我们所爱的人生病时，我们忧虑不安的那种感觉，等等。

唯一令人满意的基本情绪总是伴随着那些已获得真正快乐性格的人，那些已经学会让情绪保持平静、顺其自然、勇敢、坚定和快乐的人。

第七章

相信自己,你能成功控制情绪

你能够成功控制诱发情绪性疾病的情绪

任何时代都有情绪引起的疾病，无论是过去还是现在。世界一直充满情绪病，过去的人们因为生活的起伏跌宕而产生的情绪压力比现在的人少。当然我们现代社会中有世界政局之类的压力，但是每个时代都有各自不同的世界局势和战争，有些年代的世界形势比我们现在还要糟糕。尽管对各种疾病的大规模宣传让我们感到紧张，但是过去的岁月中人们面临着更多的可怕疾病，如天花、白喉、肺结核、鼠疫、伤寒、痢疾、骨髓炎，以及与现在比起来更加糟糕的医疗条件和生活条件。

再没有比我们现在所生活的更好的时代了，再没有什么时代能这样满足我们的需求或者使我们的生活免受任何气候条件的影响。每个时代都有每个时代的情绪压力。

在美国，今天的我们可能比曾经出现在世界历史中的任何人遭遇更多的情绪压力。没有人能脱离自己所处的时代，所以我们更注重当今人们所面临的压力。我们已经认识到情绪性疾病的重要性，将来我们一定能够减轻人们的情绪压力，正如我们已经成功地降低了传染病的发病率一样。

情绪稳定与麻烦

最令人惊讶的事是，那些患有情绪性疾病的人们通常没有大的麻烦。你原本认为他们有的，不是吗？你原本以为规律是通过像这样的一些方程式表示出来的：

很多生活麻烦事=情绪性疾病

几乎没有麻烦=没有情绪性疾病

但这不是真的。大量的麻烦确实容易引发情绪性疾病，但是大量患有情绪性疾病的患者实际上很少有真正的烦心事。

带来情绪性疾病的主要因素是在普通的日常生活中，在我们每一个人都会遇到各种日常麻烦的情况下，患者从未学会保持完全健康的情绪。

在平常的生活中，他们从来不会以一个好的、健康的情绪来面对自己遇见的不断变化的情况。例如，我们一定会遇到诸如需要谋生、收入和支出的问题；一定会遇到为如何教育孩子而争吵的问题；还会遇到家人离世的问题，这都是日常生活的一部分。

情绪平稳能够适应各种各样的生活，无论好坏，都能保持情绪平静、顺其自然、满怀勇气和决心、充满欢愉、和蔼可亲。缺少平稳情绪的人在处理大多数生活状况时，无论好坏，都会带着焦虑、恐惧、忧虑、沮丧、失望和挫败感。

事实上，每个人（包括你我）都会偶尔患有情绪性疾病。

教育失败引发的情绪压力

无论过去还是现在,能够获得平和心态的人总是少数,原因很简单,我们没有把平和心态训练当作一种专用的技能。一个人能够提升控制情绪能力的唯一途径是受到正确的教育,但是正确的教育方式并不存在。

没有任何地方能供你去学习平稳情绪的技巧。它们原本应该存在,但是却没有。人类一直没有采用正确的教育方式直到20世纪中叶,这时人们认识到情绪平稳的重要性。情绪平稳教育时代的到来让我相信,终有一天,我们的子孙后代能在学校里学到。但是现在这并不能帮到我们,不是吗?

家庭的影响

确实,一个人的教育包括很多方面,远远超出他在学校就读时所学到的。最重要的教育来自我们成长的家庭。有许多家庭对他们孩子产生的影响是可怕的、具有破坏性的,大多数家长都有很严重的情绪压力。当然也有例外。但是大体上说来,家庭教育并没有给孩子一个好的开始。

朋友的影响

对我们每个人来说,第二重要的教育元素是生活在我们圈子里的人,他们和我们一起玩耍、聊天、工作,彼此拜访、争吵和相爱。这个圈子还包括通过著作进入我们思想世界的作者，哪怕他们可能已经去世了。如果我们足够幸运，一些进入我们圈子的非常明智的人会影响我们形成健康的生活态度。但是大多数在我们生活中来来去去的人都是一些平凡的人，他们本身就带着情绪压力。

学校的影响

学校的影响是第三重要的教育因素。学校根本就没有为情绪平稳教育做出过任何努力。我想在不久的将来他们会这样做的。有几个富有前瞻性的教育者正在计划和考虑这件事情。我们教育的中心目标应该是让人们生活充实并且享受生活中的一切，而不是一直活在情绪压力之中。

教会的影响

教会是第四重要的教育影响因素。就像学校一样，教会也没有有意识地开展情绪平稳的教育。宗教，因为它并没有供给其成员或神职人员使自己免于情绪性疾病的作用，依据我的经验，神职人员与任何其他职业的人员一样容易患功能性疾病。

"成熟"是情绪稳定的别称

教育影响能够造就情绪稳定，同样也能让我们变得成熟。教育将让一个人情绪稳定，也将让一个人成熟起来。情绪稳定和成熟就像是一个硬币的两面，是相对应的。

直到最近心理学家才开始对所谓的成熟有所认知，并能描述什么是成熟。成熟就像人们听说的那样——以更有利的方式处理生活中遇到情况的反应能力，而不是像个小孩子。情绪平稳和成熟也是同样的道理。情绪紧张是一个孩子面临危险时会有的反应，而一个成熟的人在相同的情况下却会沉稳地应对。

心理学家还意识到，很少或没有人是完全成熟的。大多数人个性中的某些地方会使他们带着幼稚的紧张情绪，因此他们在紧急情况时仍然有像孩子一样的反应。目前只有极少数的人近乎完全成熟，因为没有正规的教育来努力帮助人们变成熟。但是还有机会。少数人有幸能遇见非常明智的人，这样的人可以教会他们如何达到相对的成熟，但即便如此，这也是一个不完整的教育课程。

在一个职业或行业里处于前沿阵地的人将向公众展示一个相当全面的成熟的意识，这一点我们将稍后详述。但在他的成熟外表下，有可能仍然有不成熟的地方。当面对生活中遇到的一些情况时，他仍可能做出带着孩子气的反应。

一些政府官员和每天上头版头条的名人以最简单明了的方式表现出了极其的不成熟。一旦公众知道什么是成熟与不成熟，这类人就不可能爬上高位。人们会揭开他们不成熟的面具，并且社会从此不再被他们的论调所蒙蔽。

一旦我们的社会把将人们训练达到成熟和情感稳定的事提上日程，会有越来越多的人达到完全的成熟状态。整个社会面貌和私人生活将向对我们好的方向发展。

对成熟的误解

我首先要提醒各位注意：男人通常自认为的成熟实际上不是真正的成熟。这种不成熟会给社会造成很大麻烦，与具有这种品质的人结婚的女人就像不幸地嫁给了一个大麻烦。

这有一个最典型的例子：这种不成熟的人被当作英雄看待。他粗暴无礼、吝啬虚荣，一辈子都爱玩4岁小孩喜欢玩的警察抓小偷的游戏——坏男人游戏。这些如匪徒一般的坏男人，总是在广播和电视中向年轻观众展示自己，他们的言行举动也总是见诸报端，弄得人尽皆知。

这种典型坏男人的不成熟做派在日常生活中发生得更加频繁，对家庭成员冷漠，将妻儿老小留在家里，独自一人去钓鱼、狩猎、赌博——这样的人永远都会为这样或那样的事情和同事同行喝得酩酊大醉。

我特别提到这类典型群体，原因是他们的不成熟造成妻子和孩子产生情绪压力的频率是惊人的，而且也经常表现出作为丈夫和父亲角色的不成熟。这两种类型代表的不成熟大量存在。每个地方都有这样的人。

他们的性格越是粗暴，越做恶多端，表明他们越不成熟、越幼稚。这在他们的婴儿时期就已经表现得非常突出。无论何时，他们一定要哄骗着才能打针，或小手术也一定要注射麻醉剂。我在圣路易斯见过一些"硬汉子"，虽然他们是已经上过头版头条的盗匪，但当面对静脉注射的针头时，却害怕得像个小孩子。

他们的强悍是伪装出来的，这就是他们幼稚的表现。他们不能接受自己的不成熟。他们不能忍受任何压力，动不动就喝酒发泄，但酗酒对舒缓情绪无效。他们对成熟的认知包括喝酒，也包含在十岁或十一岁就可以吸烟的想法。此外，他们还认为对待女性粗暴无礼或漠不关心也属于成熟范畴。遗憾的是法律竟然允许他们结婚。

等他们到了四五十岁时，意识到自己原先对成熟错误的认识，这才开始紧张起来，并去诊所咨询。到了这个年纪，他们的身体状况大多很糟糕了；他们生活的方方面面都像一个孩子一样需要别人来照顾，以至于难以适应任何成人的生存状态。

他们可怜的妻子来到诊所的年龄比他们还早一些——在三十几岁或四十出头时。他们的孩子很小就出现心理问题。然而，问题的根源不在孩子而在父母。

良好的品格修养铸就成熟的绅士

能够独立承担责任是成熟的第一个标准

成长的必要步骤就是充分发展能力，能够承担起对父亲、母亲和其他家庭成员的责任。在漫长的童年时期，特别是在对儿童极端保护的家庭中，容易造成小孩依赖别人。许多父母，尤其是母亲，在孩子们应该拥有独立人格的时候仍然纵容孩子对成人的依赖。这些依赖性很强的人迟早会在生活中遇到困难和挫折。

这样的小孩想要成长为独立的个人迟早会经历一个艰难期。例如妻子会一吵架就回娘家，一需要承担婚姻责任的时候也回娘家。一遇到事情只会跑回娘家的行为以及随之而来的娘家人的干涉就会越来越刺激丈夫。婚姻逐渐瓦解，这场闹剧中的每个人——妻子、丈夫和岳父、岳母都会患上情绪病。

曾经有一个男孩，非常依赖母亲，什么事都由母亲做决定。当他到十几岁时，别的男孩为此取笑他，他这才意识到自己这样依赖母亲是一种懦弱的表现。为了向同伴证明自己的强大，他努力成为一个各方面都比普通人优秀很多的人。他表现得比同龄人更强悍，这与成为强盗仅有一步之遥。之后，他到处惹是生非，全家人都笼罩在了愁云惨雾之下，母亲、父亲全都患了情绪性诱发病。

有些人想要学习不依赖父母、朋友和亲戚，却极其艰难。当失去这些人的支持时，他们就会寻求用酒精来麻醉自己，因而他们总是会患上情绪性疾病。

成熟意味着给予，而不是索取

一个典型的幼稚心态就是一定要得到自己想要的一切。不成熟的人做事的态度就是，"这样做我能得到什么？"这样的态度是一个容易引起易怒情绪的跳板。随着他们逐渐长大，到再不能像小孩子一样收到礼物时，他们满脑子想的仍是能够得到什么。他们走入了一个欲望深渊的死胡同，并最终将遭受强烈的挫折。

两个未婚的姐妹一直相依为命地住在一起，靠着去世的父亲留下来的一点财产勉强度日。她们有一个总爱制造麻烦的伯父过世了，遗嘱声明把农场留给了姐姐，并注明姐姐死后将农场传给妹妹。但是妹妹想要立即分得她的那一份遗产，要求出售农场并将所得平分。但是姐姐拥有农场并且希望继续经营下去。因为这件事，她们吵架了。于是，她们离开了彼此，独自生活。

现在，她们都因情绪引起的疾病而痛苦着，并将持续下去，直到她们足够成熟到想要给予而非索取。10年之后的今天，她们依然不成熟。她们都即将年满50，但这种疾病一直困扰着她们，多年来她们都希望能重拾健康。此外，两人都请了律师提起诉讼，这一项的花费可能会使她们失去这个爱制造麻烦的伯父留给她们的农场。

成熟会使人关注如何让别人的生活更加愉快。有了这种意识，就能够扩大一个人的视野，增加他看问题的角度，使他更加富有同情心。成熟的人不是生活在一个狭小的空间里，尽一切可能地抓住一切可见的东西并拉进黑暗的世界；而是漫步在阳光下，周游世界各地，寻找其他有趣的人，以及值得努力了解和付出的人。

事实上，站在中立立场，不断索取的人永远不懂得给予带来的享受，他们的局促不安、贪得无厌以及紧张的情绪让他们总是处在不健康的状态，疾病不断。

成熟意味着远离利己主义和争斗不休

幼稚的人总会这样说，"我有一些你没有得到的""我可以做你不能做的"或"我的父亲可以打败你的父亲"。有很多人一直没有摆脱这样喜好攀比、争强好斗的无谓纷争。他们总是很难相处，因为他们总是拿自己与身边的人比较，从来不会友好地和他人合作。他们从来不会和蔼可亲、与人为善。他们是令人讨厌的商业合作伙伴、格格不入的聚会人士、容易为了一点小事就争吵的人。

争强好胜的人

不断地将自己与其他人进行比较，嫉妒心强的人注定是悲惨的人。他不断地产生嫉妒情绪，自尊心受到伤害，因而自己与别人都不满意。

不断将自己的意志强加于他人的政客就是这样一群人。如果你注意他们在华盛顿的活动，就会发现他们经常在贝塞斯达医疗中心（译注：美国国会为海军和国会议员建立的，位于美国马里兰州，为国家健康研究所和海军医疗中心所在地）做全身体检、"淋巴窦疾病"的治疗或进行手术等诸如此类的情绪性疾病。

这些人认为自己是领导人，已经非常成熟。如果投票支持他们的公众只知道他们非常不成熟——就我们所说的不成熟范畴和成熟范畴来讲，持续不断的争吵和反对声不仅让这一类政治家自己心虚，也会让公众深感不安。虽然本性不成熟，但他们还是会竭尽全力表现得很成熟，当然，这种成熟并不是他们的本性。

竞争可以是有价值的

在生活中，竞争在一定程度上有其价值。但是，当它变得太强大或无孔不入时，它原有的效果就会落空。它会引发焦虑、紧张、压力和悔恨，并有效地将快乐排除在那些甚至已经取得成功的人之外。

在现代商业和工业社会中，引发大量情绪性疾病的因素之一就是那些努力想要到达顶端的人相互之间的竞争。当地的大型连锁商店的经营者经常寻求医疗帮助。因为他们总是互相竞争，以提高销售业绩，想要努力居于当地其他商店之上。在金融业和工业中也存在这样的情况。总是想在同行业中居于上风的人常遭受紧张的侵袭，而且往往患有溃疡。而那些失败、遭受挫折的人则容易疲劳和长期头痛。谁赢了？我不知道！我还没有见到他们任何人获胜。

我们的竞争环境是有缺陷的

我们可以毫不夸张地说，这种竞争体系是幼稚和不成熟的。我们希望随着时间的推移，这种体系可以逐渐成熟，不成熟的人会成长为仁慈和与人为善的人。然而当下，这个竞争环境毁了许多人的生活。生意做大、行业领先、一味追求自己的目标，这些能体现人类真正的价值吗？我倾向的答案是不能。

一个成熟的人的塑造，也就是说，成为一个快乐的人才是我们每个人都有权拥有的、实在的、有价值的事业。任何形式的工业和商业都会给健康的人带来不成熟、不良的、幼稚自私和充满火药味的情绪。

迪克是当地一家连锁店经理。他运营的商店正在与其他几个分店竞争。为了成为区域经理，迪克的商店在销售额上必须要超越其他竞争分店的经理。即便薪资不高，他还是夜以继日地工作。虽然患上了胃溃疡，但他终于成为一名地区经理。有一些没有成为地区经理的在其他店铺的人也患上了一种类似的溃疡。每一次竞争中，都会有人失败。然后他们会患上除了胃溃疡的其他一些疾病。迪克当上了地区经理，工资涨了那么一点，但这给他带来了更大的忧虑和更激烈的竞争。他比以往更加努力地工作，但他负责的区域的业绩仍然落后于别的地区，因此没能为他带来他希望的进一步晋升。所以伴随着挫折、失败一起到来的只有便秘、疲劳、头痛和失眠。

还有像B太太这样的人——自大，像公牛一样粗暴无礼。每一次她与其他人的接触都是一场显示自己小聪明的比赛。她能力很强，赚的也比丈夫多，致使这个可怜的家伙长久地笼罩在自卑情结中。每一次开会，如果她觉得主席的开场白很没水准时，都会立即站起来发表长篇大论试图使结论有所改变。在女子俱乐部，她也是一个可怕的人；在父母-老师联合会，她是一个谨慎的人；在桥牌俱乐部，她是一个令人无比头痛的人。她每走一步好像整个城市都跟着颤抖一次。但上帝是公平的，不成熟也让她付出了极大的代价。她经常通宵达旦地做噩梦，这使她一连几天都会有气无力。B太太的痛就在于她没有足够成熟，成为一个和他人和平共处的人。在这方面，她还只是一个孩子，她所受的教育还停留在"我的妈妈能打败你的妈妈"这个阶段。

性心理成熟

幼稚的性态度是认为性只是一种满足生殖器需求的行为，而不会意识到它是情感体验的一个重要部分。像两性中的其他情感体验，只有当温柔和关怀倾注其中，相互配合进入对方身体和灵魂的深处时，才是性成熟的最佳表现。

性心理不成熟很常见，主要是因为性教育的缺乏和对这种行为的长期禁忌带来的恐惧感。学校、家庭和教会没有给个人提供有组织的课程来教导孩子们如何正确认识性生活。大部分的家长都认为性教育是一件不体面的事，是一件声名狼藉的事。难怪没有几个孩子会成长为在性方面成熟的人。

有两种不成熟的性表现。

对性生活歇斯底里的恐惧就是性不成熟的首要表现。

罗丝是一个非常漂亮的女孩，住在一个粗俗而不开化的小镇上。她的邻居非常好色。为了让罗丝免遭好色邻居的毒手，她的母亲对她进行性方面的反教育，使罗丝对性产生了极大的恐惧，罗丝结婚两年后都不能和她的丈夫发生亲密关系。她的丈夫以无限的耐心想尽了各种办法,但罗丝却在生理和精神上都越来越抗拒丈夫的亲近。罗丝知道自己是一个不合格的妻子,她感到非常内疚和自责。后来,她患了一种非特异性溃疡性结肠炎,一度住院整整一年。

与这种性不成熟相反的表现是让性成为生活中最重要的事情。

达莲娜在一个庸俗不堪的家庭中长大,对放荡不羁的性生活有一种迷恋。达莲娜听到过的幽默笑话无一不与性有关。她可以毫无限制地看黄色电影;妈妈少儿不宜的杂志也丢得满屋都是;来到家里拜访的客人也全都道貌岸然,除了性一无所知。

在达莲娜还不到可以出去约会的年龄时,她的母亲就已经为她和男孩一起跳舞、玩乐而感到骄傲了。达莲娜过早怀孕了,并使家庭陷入一个又一个的麻烦之中。直到今天,她才35岁,却已经经历了普通人一辈子才会碰到的那么多的麻烦,有可能还是别人的三倍之多。她所有的时间都拿来抱怨了,我猜她已经在医生的候诊室里租了一把椅子。

成熟意味着超越不怀好意的寻衅滋事

有些人确实满怀敌对情绪——生气、愤恨、残酷和好战。其实不然,这些都是孩子气的心理,是不成熟的整体表现,是软弱的标志,是恐惧和沮丧的证据。

好斗的幼稚男人

儿童时相对独立的小天地是非常重要的。此时的他们相对弱小、脆弱，需要依赖人，缺乏安全感。当他们的欲望得不到满足而感到沮丧时，他们就会生气、愤怒、憎恨和好斗，如果可以，他们甚至会做出更残酷的事情。虽然许多人已经长大成人，却仍然没能摆脱富有倾略性的敌对情绪。他们仍然残忍好战，因为他们仍然感觉软弱，想要依赖、缺乏安全感。他们是弱者，还没有学会如何坚强。只有强大的人才能成为绅士。世界各国政府多曾发生男人篡夺政权的事，上升到顶部的人都采取的是残酷、激烈、极富侵略性的手段，他们被错误地视为坚强的男人和成熟的典范。

如果这些人非常幼稚和不是称职领导人的事实被普遍认识到的话，国民会在他们带来更多的损失之前投票否决他们，把他们赶下台。20世纪人类遭遇的大部分损害都是由这类人造成的。美国也有这样的人。幸运的是，他们没能夺取政权，但是他们的存在是一种威胁，我们不能放松警惕。因为很多人随着年龄的增长却并没有收敛具有侵略性的敌对情绪，因此我们这个时代唯一真正的危险正是人类相残。

有时，不成熟人的敌意和残忍全部显示在表面上，因为他们属于迪林格型的强盗人物。这些人将不成熟表现出来对社会来说是一件幸运的事，因为社会能对他们的危险性做出适当的反应,有针对性地采取防御措施。然而,有很多同样并不成熟的人却设法把不成熟隐藏起来。他们会给那些不幸挡了他们道的人带来灾难。

幼稚的麻烦制造者

伯特就是这样一个人,他是一个看起来很随和的家伙,似乎是百分百无害的人。伯特的一个雇主告诉我,自伯特来到他的部门后,他的许多员工逐渐开始表现出不满并制造麻烦。整个部门被搅得乱七八糟,麻烦事层出不穷。因为这个问题很严重,于是老板为了弄清事实进行了暗中调查。

后来发现煽动者竟然是伯特。他会在一个安静的环境中,用愉快的会话方式挑拨离间员工。伯特会扩散那些带刺的话语,以这样一个聪明的方式——员工本身并没有怀疑伯特是把敌对的思想灌输到他们的头脑。后来伯特被解雇,部门很快平静如往昔。这样的平静是伯特从来没有感觉到的,我怀疑他无法体会这种感觉。

许多妇女都不愿意将自己托付给一个头脑简单、四肢发达的人。在这个世界上,嫁给这样的人的女人恐怕不会比地狱里的恶魔过得更好一些。通常这些丈夫会有令人称道的行为处事方式、外表和接人待物的礼仪,这些令所有人对他们的第一印象很好。妻子的说法却是:"别人完全无法想象他们在家里的每一小时都是多么的邪恶、残酷。"

这样的人不可避免地会患有情绪引起的疾病。他们罪有应得，但是他们的妻子患上情绪病就很冤枉了。

成熟是能够区分现实和幻想

孩子的一个特点是将幻想当作现实，而不是试图区分它们。孩子会受自己本身的局限没有办法做到，因为他们通常没有实践条件。然而，如果孩子成长为能负责任的成人却仍然不能区分幻想和事实，结果就是总要面临大量的麻烦，意味着被痛苦和错误的情绪缠身。

一种常见类型的幼稚心理

这种不成熟的存在是多么的可怕。有人肆意幻想别人并散播一个有害的谣言，恶意中伤，最终这种谣言被人们当作事实了。

一个自私的、不诚实的和方方面面都可鄙的政客树立他对于国家的价值以及反政府的美好形象，而一大批忠诚但不成熟的选民将之接受为事实。有人创造他能听到来自上帝的幻想去说服其他人接受这是一个事实。人们之间的宗教战争和分歧仇恨大多毫无根据，总是基于一些荒谬的言论。每个声称自己能从上帝那接收神谕的人最后都变成了精神分裂症患者。一个幼稚的人幻想人类所有的疾病都是由于流离失所造成的，并试图让人们接受这个事实。有些政客天真地以为他们的行政系统是农民和劳动者的天堂。可怕的是，竟然有一定数量的人接受了这种看法。

每一个不成熟实例的存在,都会让世界或部分区域遭受灾难。如果没有不成熟,我们也不会为此付出如此高昂的代价。这代价对个人或社会来说都是昂贵的。

认为全世界都与自己为敌的人

这种类型的不成熟非常普遍,尤其值得关注——调查发现,有些人将从未发生的事情当作事实,并为之忧虑不已,寝食难安。这样的人生活在一个可怕的幻想世界、一个可怕的灾难性的世界,那里一切都是坏的,但这世界不是真的,因为它是不存在的。其实,我们生活的世界是一个非常令人愉悦和有趣的地方,在这里发生在我们身上的事情可以转变成一种好的感觉。但这些不成熟的人幻想这是一个可怕的世界,只会坚持自己得出的最坏结论。他们害怕单独待在光天化日之下,因为他们将幻想出来的发生在自己身上的事情(他们根本不知道是什么)当作了事实。他们仍然如孩童一般,还没长大,他们将自己幻想出来的虚幻的恐惧接受为事实。这样的人是医生的办公室常见的患者。

例如,一个妇女正在干草仓做着卸干草的工作,突然有了幻想:"干草堆中可能有一条蛇。"到目前为止,从来没有一条蛇出现在农场。但幻想突然进入脑海;而女人会让她的想象力进一步想象出许多令人毛骨悚然的、可怕的影像,直到这种假定的情形成为她思想中的事实,她再去谷仓成了一件不可能的事情。

另一位60多岁的女士来到我的办公室向我抱怨："我知道你会笑，但我总觉得胃里好像有一条蛇在咬一样。这种感觉已经持续了好几个月，无论是否发火，它都会咬我，使我痛苦不堪。"

从其他任何方面来说，她完全是正常的，但是在幻想这个问题上，她比其他任何将这个幻想当作事实的人都还不理智。

你可能会喜欢听她有关蛇的故事的下文。任何身体检查，其中包括胃镜透视都没法让那位女士相信她的胃里确实没有蛇，最后，我们一个手指灵活的医生想出了一个妙招，将胃管插入和抽出胃部的同时，将藏在他袖子里的吊袜带抽出来说："哦，天哪，你胃里真有条蛇，这就是它。"

"看，"那位女士激动地说，"我一直告诉你们的就是这个。"她轻松了很多，感觉很好。然而三个月后，她回到诊所说："在我的肚子里有另一条蛇。"那已经是冬季，那个聪明的手指灵活的医生再也不能用之前的方法向她证明她的胃里没有蛇了。在夏季到来之前，病人带着这条"蛇"去了另一个诊所。我不知道她还有没有这种幻觉。也许这个时候，她的整个消化道里已经充满了蛇蛋和小蛇了。

灵活变通是成熟最重要的品质

如果一个人不学会面临挫折时能屈能伸，并使自己适应情况的改变，就不可能保持快乐，并在这个任何时间都有可能灾难突然降临的世界找到真正有价值的东西和生存下去的方式。

灵活性和适应性是检验一个人成熟与否最有价值的衡量标准。当环境恶劣时，当然其实它们一贯如是，当突然失去我们脚下的土地时，可以避免突发疾病和悲痛情绪的唯一重要品质是能够在遭受连绵不绝的命运打击时有足够的灵活性和适应性，以便在新的环境中重新开始新生活。

只有拥有这种类型成熟品质的人才可以避免情绪沮丧，在他的一些基本需求（在本书的第九章讨论）没得到满足时也毫不影响。没有这种成熟品质的人将永远认为自己处于麻烦之中。灵活性和适应性的一个简单形式是盲目乐观，它是如此有效，以致成功的案例达十五六卷之多。这种成熟品质认为要从每一件发生的不好的事情中找出隐藏的好的方面来。

另一种简单的事例是：有一个妇人，她有一位酗酒的丈夫。她决定不让这种情况使自己痛苦，并且努力使她和孩子的生活尽可能愉快。

还有一个简单的生活方式就是吸取经验教训不向后看，不回顾过去的灾难，而应该向前看，想象美好的未来。

成熟是一种明确的态度

对于我们自身和与我们相关的世界来说，成熟就是一种明确态度，除此之外什么也不是。但这些态度不是与生俱来的，而是需要通过学习才能获得。这些态度决定我们幸福与否，我们的生活是否健康，因此是人生的必修课。

每个人都可以扪心自问："我到底有多成熟？在哪些方面我还不成熟，我怎样才能改进它？"很多人觉得他们可能要在三四十甚至五六十岁之后才会成熟。其实并不是这样，所有的人需要了解的是他所需要学习的内容，并有强烈的求知欲。

一旦人成熟了，心态自然就平和了。

本章小结

人有情绪压力和情绪诱发病不是因为众多的麻烦,而是因为他们不懂如何处理这些麻烦。

能够以有效的方式处理日常生活不同状况的能力,也就是说,以创造最大程度的享受和产生最小的压力的方式来处理,就是所谓的成熟。

成熟意味着情绪稳定,就是指能够保持镇定、顺应自然,拥有勇气、决心和快乐。

成熟需要人们不断地学习。不幸的是,现在不存在人们可以在那里学习如何变得成熟的地方。我们的三个教育机构——学校、教堂和家庭,他们给予的教育都不属于我们所受教育的必要部分。

成熟包括以下品质:

1. 良好的责任感和独立感;

2. 给予而不是索取的态度;

3. 不以自我为中心,不争强好胜,与人为善、友好合作;

4. 承认和接受关于性的社会制约性,并让性行为成为幸福婚姻生活的一部分;

5. 认识到富有侵略性的敌对情绪、愤怒、悔恨、残忍和乐于争斗都是弱者的表现，拥有温柔、善良和良好意志的人才是真正的强者；

6. 灵活变通，面对无常命运；

7. 能够分清幻想和现实。

第八章

怎样培养情绪控制力

成熟是一种美妙的体验

我们每个人都有许多不成熟的地方,也会有情绪压抑的时候。

其实,这不能怪我们,我们也是整个环境的受害者。我们的成熟的培养和情绪稳定从一开始在教育上就被忽视了。我们有情绪压力,是因为没有机会学到如何平衡自己的心态,而不是已经学过的东西。

至少有一点是可以肯定的:我们不能回去重新塑造自我一遍。如果要改变,我们只能从现在开始,在这个我们身处的困境中、在这种一些人觉得情绪混乱得很严重的状态下开始。除此之外,别无他法。

我们必须开始改变自己,解除那些如藤蔓一般缠绕不清、令人沮丧的情绪压力。也许有像我这样的人曾跟你说过:"来吧,孩子,让我们的情绪高昂起来吧。"你看看周围,看着那些数量庞大的令你头晕目眩、几近疯狂的麻烦，头脑一片空白。要求你在这种状况下保持情绪稳定，就仿佛是在尼亚加拉河的急流中开始你的第一次游泳课一样困难！

但是，事实上，改善自身，摆脱情绪压力和达到情绪稳定很简单，而且更重要的是，这是一个令人兴奋的、耳目一新的体验。你甚至可以在一夜之间从未成年人走向成熟。

事实上，你已经在开始了！

有意识地控制思想

停下一段时间，从有趣的角度考虑看看。

假设幸运的亨利·史密斯已经受到保持情绪平稳和成熟的良

好教育。那么这个教育对亨利·史密斯产生了怎样的影响呢？答案如下：

一方面，正确的教育使亨利·史密斯形成了某些特定的思考方式，并保持明确的态度；另一方面，在面对同样的情况时，没有受过这方面训练的山姆·琼斯，可能在思想和态度上都会产生恐惧、忧虑、沮丧和与此类似的不良情绪。

对通过正确的教育受到适当训练的亨利·史密斯而言，健康的思维方式和态度已经深植他的脑海，总是无意识地出现。因为受过训练，所以那些正确的思维和态度在正确的时间自然而然就出现了。

以下这些就是我和你必须实践的核心要点：如果你和我知道亨利的思维方式以及态度是怎样的，我们也能做到。也就是说，只要让正确的思维方式和行事态度存在于脑海中就可以了。

进入正轨

换句话说，你必须要注意你的思想，就像你的心灵生出了眼睛，它平静地注视着进入你脑海中的一切。你心灵的眼睛可以非常敏锐，一旦你的心灵被引发压力的思想占据时，它就会立即向你报告。

当这样的报告从你心灵的眼睛发来时，如果你像亨利·史密斯一样情绪平稳、成熟，你就会下意识地以惯有的方式和态度来思考及行事。

这就是所谓的意识思想控制。任何人都可以做到。你也可以。例如，坐在椅子上，让你的思想专注于暑假计划或正在进行中的暑期计划。你可以把你的思想引向你想要的任何东西。

现在就来试试吧。试着想象一下你正在规划的事情真是一件令人非常愉快的事情。在那里，看到了吗？我一点也没有骗你。

如果我们想要像亨利·史密斯那样成熟和情绪平稳的话，我们该怎样思考，思考些什么？乍一看，这似乎是一个非常复杂的过程，如果我们最初就断定自己没有亨利·史密斯那样的能力，这将确实是个复杂的过程。但是，幸运的是，心理学家和精神病医生已经做了充分的准备，为我们解决了这个问题。事实上，这个过程已经被简化到非常容易理解和进行实践操作。

但不要让我误导你：我说得简单，但不可否认的是，以下这些简单的实践要点要做到也并不容易。这需要很多次毫无思想压力的努力实践。但是，因为它涉及一个人性格中最重要的部分（你的成熟和情绪稳定），涉及你生活中最重要的元素（你的幸福），涉及你的健康，那付出多少万倍的努力都是值得的。

因此，让我们行动起来吧。

那么，我们应该怎样调整心态？

坚持信念

你必须一直有这样的信念，并将之像一个醒目的招牌悬挂于你人生的舞台上，那就是：

我要时刻让自己的思想、态度保持平静和愉快。

应该让这样的想法一直伴随着你，不断重复它，直到它成为你下意识的行为和习惯。正如当下始终伴随你的这个思想："我要让我的思想保持冷静和愉悦——就现在。"

不管发生什么事情，无论随着时间的变迁需要面对怎样的局面，都要让这个思想时刻活跃在你的脑海里。

当然，每一天都会有不同的情况发生，你需要习惯与其中不良的情绪做斗争。然后有一天你会对自己说："哇，那儿，老伙计，就是我们需要的平静和快乐。"

你必须用健康的情绪——一种包含有冷静、勇敢、决心、果断、快乐和愉悦的情绪——替代不良的压力情绪，否则它会让你产生恐惧、焦虑、内疚、忧虑、沮丧、失望或挫折等不良情绪。

以正面情绪替代负面情绪

起初,你可能发现自己反复回忆一些事情,或者你已经变得烦躁不安,记得对自己说:"我要让自己的思想、态度保持冷静和愉悦——就现在。"这样做时,这种关键思想将让你不再压抑自己的情绪,并且阻止自己滑向压力情绪的深渊。

无论采用哪种方式,当你想起这个信条:"我要让我的思想、态度保持冷静和愉悦——就现在",停止产生情绪压力的思想将开启一条通往健康情绪的康庄大道。通过训练,每个人都能找到用健康情绪代替压力情绪的诀窍——现在,这是必要的。

在面对一些"琐碎的令人生厌"的幼稚情绪的情况下,我的一个病人学会了吹口哨,很快他就使自己变得平静和快乐。另一名有一副好嗓音的病人喜欢唱歌,只要一唱歌,她的情绪就能马上好转。还有一个病人已经学会发现生活中美好的小事情,当她需要一个通往健康情绪的梯子时,这些美好的事物帮助了她。一个男人告诉我,当他发现他的情绪低落时,就会策划一次全新的体验经历,以此来摆脱阴霾情绪。

很多人发现祈祷是一个开启愉快情绪的好方法。但是在祷告中融入平静和快乐的情绪同样重要。例如,没有人会做这样的祷告:"哦,上帝,我感到痛苦,我现在的处境很糟糕。难道你不能帮我吗,上帝?"

你应该像这样祷告:"您已经赐予了一个完全美好的世界给我们享受,上帝啊,请再赐予我勇气、谦和、果断、平静、快乐和愉快来享受您赐给我的这美好生命的恩典。"

这些都是有用的替代方法。它们会帮助你摆脱那些每天都会发生的无数烦琐小事——让你沮丧的所有事情。

解决鸡毛蒜皮的麻烦事

鸡毛蒜皮的小麻烦很容易用这种方式处理,那就是反复强调"我要让我的思想、态度保持冷静和愉快——就现在",然后从容不迫地重新振作,显示出良好的情绪状态,而不是让压力情绪继续左右你。用这种方式处理压力情绪在训练情绪稳定中是非常重要的。虽然每个这样的小麻烦看似微不足道,但如果每一次都放任这些似乎不值一提的微小情绪,它们将使你产生慢性应激性抑郁并患上情绪性疾病。病人的压力有80%来源于一些难以控制和相对小的事情。

身处顺境时,感受快乐

如果你正在经历幸福的、平稳的生命期,那么,看在上帝的份上,请让自己感到快乐。平静、愉悦地让自己过得充实,去尽情享受你生命世界中的辉煌灿烂。只要你愿意,生活就是你所希望的那种美好样子。

身处逆境时,就做四件事

那些可能出现在你生活中的大挫折(你我都会经历,并将还会遇到)并不像"短暂的不愉快情绪"那样容易处理。如果你的妻子生病时,你得不到(事实上,你负担不起医疗费)帮助,孩子们也需要你照顾,更糟糕的是你的工厂即将倒闭,你每周只有三天活可干,债权人也每天向你逼债。那么,我亲爱的朋友,这就不是仅仅通过调节情绪就能解决的问题了。

记住以下4点:

第一,尽可能地保持外在的快乐和平静。用小小的幽默诙谐让尴尬处境轻松一些,虽然它可能与你的环境不协调(诙谐幽默是转换情绪的最好催化剂)。

第二,不要让自己的大脑不断重复播放不幸的画面。不要让自己生气、心烦意乱或歇斯底里。首要的是不要自怨自艾。

第三,让自己的计划朝着转败为胜的方向实施,记住,最好的胜利是保持你的勇气、平静和快乐。那样,每个人都会欣赏你。

第四,努力拥有以下几种品质:

沉着——"让我保持冷静"

谦逊——"让我冷静地接受挫折"

勇气——"我有勇气,还能承受更多"

决心——"我会把失败变为成功"

快乐——"能屈能伸,但永不放弃"

愉快——"与人为善"

两个男人的故事

当你遇到需要解决的问题时,你应该知道这两个人并且记住他们。他们的不同,就像白天和黑夜一样。其中之一的山姆是一个情绪压力的典型,另外一人威廉是情绪稳定的典范。

山姆,自我世界的国王

山姆的世界独一无二,如果还有别人能比山姆居住得更怡然自得,那将是一个梦幻之境。在山姆的生活中唯一不好的一点是他的情绪容易紧张,但其实山姆自己也解释不清为什么,也许是因为他那糟糕的家庭环境。

山姆是一名富裕的农民和附近小镇的银行董事。他有一个从父亲那里继承来的非常棒的农场。他也从父亲那里遗传到了常见的"成功人士"通病——爱发牢骚。我原以为爱发牢骚是不可能遗传的,那只是长期生活在一个人的阴影下潜移默化形成的。他的母亲脾气很大,我以为是因为和山姆的父亲住在一起形成的；也或许他的父亲之所以娶这女人，是因为她跟普罗大众一样爱抱怨。

尽管山姆从来没有遇到过什么困难，没有遭受过经济上的损失，没有遭遇过特殊的家庭灾难，也没有遭受过无情命运带来的任何打击，然而，他的生活就好像仅仅是在人生的角落里溜达了一圈。

在山姆的世界里，似乎永远只有压力，而没有阳光普照。山姆和朋友在公园散步时总是诉说着他的不幸："有些人买股票，股票就涨了；有些人结婚，他们的老婆美丽得像公主。轮到我时就事事不顺。"当时正好有一只鸟飞过，这个正在向朋友申诉的人拿出手帕仔细清洁落在衣领上的鸟粪。"看见了吗？"他解释道，"对于一些人来说它们只会唱歌，但对于我来说，它们只会带来鸟屎。"

我问过山姆的家人和他的左邻右舍，他们是否曾听到山姆说过希望、愉快这样的话，但他们都说没有。啊，是的，我差点忘了一个人。山姆的妻子认为，山姆也就只在新婚的第一年说过些好听的话，但那是久得连她自己都不太肯定的事了。

为了弄清楚山姆的情绪发生机制，我在7月的一天开车来到了他的农场。那时，正是燕麦收割的时候。山姆24公顷的土地长着我不曾看到过的最好的燕麦。

我说:"山姆,你的燕麦收势喜人呀。"山姆回答道:"是的,但是风会在我收割完它们之前将它们吹倒。"

我看着燕麦茬很是无语。事实上,山姆在风吹倒它们之前早就收割完了。他将燕麦脱粒之后烧掉秸秆做了肥料。我知道他的燕麦还卖了个好价钱。所以当又一次见到山姆时我说:"山姆,燕麦卖得不错吧?"

"哦,我原以为已经很好了,"他回答,"但还是应该多种一些。"

还有一年,他每亩收了165蒲式耳(译注:约合4191千克)的玉米。在收割前,山姆来到我的办公室。我跟他聊了聊,还想看看山姆这次又是如何看待他的庄稼的,"你今年的玉米收成如何,山姆?"

山姆说:"太可怕了!玉米太多了,我都不知道如何处理它了。"

10月份的一天,我在街上遇见他。这天是我们威斯康星州10月份最美好的一天。我很希望这个想法能感染到别人,我以一种自以为很具感染力的热情说道:

"你好,山姆,美好的一天,不是吗?"

山姆的回答是:"是的,但是好天气太难遇到了。"

这些观点是山姆悲观情绪的典型表达。

你们一定还记得在第四章中我们谈论到的能够诱发疾病的情绪类型，山姆就是一个典型代表。带有山姆这种悲观情绪色彩的人经常会患情绪诱发病，尤其是这些人当中50岁的人。一旦他们患情绪诱发病，就像山姆说的天气一样，很难好起来。他们的余生都将这样度过。

威廉：生活中的王者

与山姆的类型完全相反的人在我们的镇上也能见到。他的帽子虽然很旧，但是质量很好。他的外套虽然很破，但是保暖。他的笑容真诚，总是能在他的眼中看见笑意。他就是威廉。

威廉也继承了一笔来自他父亲的遗产，就像山姆一样。在一次风险投资中，他将这笔遗产翻了4倍并且尽情地享受这笔财富，就好像只有他自己知道如何享受生活似的。

接下来是1929年和1930年，经济处于萧条状态。银行家们（其中一个特别阴险）设计陷害了威廉并将他踢出了银行业。据可靠消息说，只要那个最有权威的银行家稍微手下留情，威廉就能安然渡过这次的经济大萧条。但这个银行家却冻结了威廉的所有财产，但焉知这冻结就不是一件好事呢？趁此机会，威廉进入了公共事业部工作。

有一天，当我看见他和很多其他人一起挖一条臭水沟时，我将车停了下来。威廉60岁了，已经多年不做体力劳动。当他看见我时，脸上露出了大大的笑容，并靠着铁锹稍事休息。

"你可以说，"他笑道，"你正看到一个诚实勤劳的人靠劳力赚取钱财。但这并不完全真实。1美元当中只有79美分是我挖渠赚来的。其余的时间我研究铁锹、和工人聊天。但这是政府所想要的——并没有这么多的沟需要我去挖，我的作用主要是鼓舞大众，因此剩下的21美分不是我靠铁锹赚来的，而是靠鼓舞工友们的士气得来的。"

所有在沟里的同伴和他一起大笑起来。自从他加入后，他们总是感觉愉快。他的好情绪总是能感染别人。

威廉仍然还有许多余热，他赚了一点钱，还有他在父母-老师联合会任职的收入。但是不幸的事再度降临，他和他心爱的妻子同时被发现腹部有恶性肿瘤。

两个人都做了手术，每个到医院病房来探望他的人，都能听到有趣的故事或者他的奇闻逸事以及欢快的问候。威廉活了下来，不久就康复了。但妻子的离去花光了他所有的积蓄，妻子的死是他生活里遭受到的最大打击，但他从不让自己沉溺于悲伤中。他依然戴着他的旧帽子用笑声填满生活。在不同的地方，用不同的方式谋生，但无论赚多少，他总是快乐的。

然后，他被检查出患了喉癌，需要做更大的手术。我在办公室见到他，而他告诉我很多有趣的事情，我很难确定他的病情是否真的如此糟糕。后来他的喉癌奇迹般地治好了。他仍然面带微笑地出现在镇上,对什么都感兴趣,并且他的快乐总能感染别人。

也许关于威廉最引人注目的事情是这样的:那个陷害威廉将其逐出银行的银行家没有一个朋友。我从没听人赞美过他或说过他的一句好话——除了威廉。

威廉认为银行家是一个很宽容的人,他曾经对我说:"人们认为他根本没有心,但他是善良的,真的。似乎没有人去注意他的善良,当他做了银行家一定要做的这种事情时,人们肯定会议论他。"

威廉的一个邻居很羡慕他的这种生活态度:总是昂首挺胸,唇角挂着欢快的微笑和对人友好的问候,不愿意为了生活中遭遇的那些厄运而失去哪怕片刻的笑容。一天早上,那个邻居拜访威廉说,"威廉,如果你不介意的话,我想请教你一件事,能够从不幸中解脱出来一直是我钦佩你的地方。我真的很想知道你的秘诀。你能告诉我吗?"

威廉自信地微笑,像其他人一样,他喜欢被肯定。

"好吧,我会告诉你。很久以前,我坐下来试图描绘出我下一步的蓝图。我很想找到行动的规律。我想了很久,然后找到了答案。我站起来不断对自己说:'威廉,你可以做到顺其自然、随遇而安。'这就是我一直在做的事——顺势而为。"

双胞胎姐妹的故事

我列举另外一个例子好让你更加明白,如何更好地处理日常事务,而不去管那短暂的不愉快情绪。

不久前,我偶然与两名女士去芝加哥百货公司购买圣诞节用品。这两名女士是一对双胞胎姐妹。

双胞胎中的姐姐将长期患病的丈夫独自留在家里,她还有一个儿子正在远东参加战斗。妹妹的生活则一直风平浪静。

姐姐知道享受生活的艺术,也就是说,她知道如何做到情绪稳定。她能使自己的每一天都充满乐趣。

当我们走进百货公司时,她会满心欢喜地看着琳琅满目的圣诞商品说:"我最爱圣诞节时的商店了,光想一想就能让我很兴奋。"

当我们停留在柜台寻找特别的艺术商品时,她会高兴得欢呼。"这里每一件商品都是如此地美妙、令人目不暇接。这里比罗马帝国有更多的购物选择和更好的商品。"或者"噢,看到这么多东西查尔斯会不会高兴坏呢?这东西简直太适合他了!"

我们在百货店的餐厅里吃了午餐。一进入餐厅她就说:"我一直喜欢在这里吃饭,又美味又实惠,三餐都是那么好吃。"她喜欢整个进餐过程，出门时给服务小姐的小费再次向我们证明了这点。

她的妹妹则截然不同，除了固有的习惯外，其他一切似乎都令她难以接受。

当我们进入一个店铺——与之前去的那家非常相似——她高傲地看了看四周："看看这拥挤的人群。我真讨厌在圣诞节购物。"

当走到柜台时，她会说："他们摆出这么多商品让人都不知道选什么。他们只是库存太多了。去年我买给查理的东西，他不喜欢，今年他也不会喜欢的。你们看看那标价，真是贵得要命。"

在百货店，没有什么东西是令她满意的。每点的一道餐送到她的面前时，她都会向服务员抱怨，最后她因为服务员挡在前面无法进餐发了火。她在大庭广众下和经理吵了起来，我认为这样下去这件事永远不会结束。她完全毁掉了自己的午餐，如果我们不了解她的话（因为她觉得自己极其有趣），她姐姐和我的午餐也会被毁掉。

第二天，快乐的姐姐依然心情愉悦、精神爽朗地着手准备自己的日常工作。但喜欢自寻烦恼的妹妹却因为偏头痛复发而卧病在床，我早就料到了她会这样。她愤愤不平地抱怨道："为什么偏偏是我有这种头痛病？哎哟，哎哟，太难受啦。"

本章小结

一、练习情绪控制。当你发现自己开始有压力情绪如担心、焦虑、恐惧、忧虑或沮丧时,马上停止同时以健康的情绪如冷静、勇气、决心、谦让或快乐来替代。

二、时时刻刻都要持有这种想法:我要让自己保持思维冷静和心情平和——就现在。

三、当生活顺遂时,让自己尽情享受令人愉悦的欢乐时光。

四、当命运多舛时,尽可能地让自己心情开朗愉快。用诙谐幽默轻松面对尴尬的困境,尽管这可能与你的环境不适合。

避免不幸在自己脑海中像幻灯片一样反复浮现。首先,不要让自己生气、心烦意乱或歇斯底里。

把每一次失败转变为成功。

努力拥有以下几种品质:

沉着——"让我保持冷静"

谦逊——"让我冷静地接受挫折"

勇气——"我有勇气,还能承受更多"

决心——"我会把失败转变为成功"

快乐——"能屈能伸,但永不放弃"

愉悦——"与人为善"

第九章

人类6大基本需求：积极情绪的基础

一些得了情绪性疾病的人，根本没有意识到情绪会是他们生病的主要原因。这些人常常受多种多样的负面情绪的困扰，因为他们基本的心理需求未得到满足。

　　人类有6种基本需求——六种心理渴求——内心深深渴望拥有的事物。若有一种渴求没有得到满足，内心深处就会滋生不安，需求得不到满足使得生活充满了失望。

　　这样的人也许会很好地适应环境，在别人面前装成很开心的样子。但是，在他内心深处，有着噬人的渴望，因为一个或多个需求得不到满足让他内心极度空虚、痛苦。

一、对爱的需求

　　每个人（即使是那些看起来憎恨别人的人）都渴望爱、需要爱，希望得到别人的爱和他人的最大关注。爱会使我们感到受重视和存在的价值，使我们感到在大千世界、芸芸众生中有自己的位置。

这一需求的及时满足能给我们带来温暖、充实和美好，否则生命将继续枯燥乏味。如果没有来自他人的爱，没有来自另一个人的关怀，人的内心就会有个巨大的空洞，充满了忧伤和孤独，最后人会产生厌世情绪。这些不健康的情绪将一直伴随人的左右，日日夜夜，破坏生命旅途中的所有美景。

爱的缺乏通常始于童年

许多不幸的人从童年开始就感受到没有爱的痛苦，因为他们运气不够好，出生在没有爱的家庭。父母总是彼此挑起一场又一场的冷战，有时候战况变得异常激烈，彼此怒目相向，甚至还会以砸东西作为收尾。当他们发现仍有发泄不了的怒气时,就继续在孩子身上发泄。

孩子呢,则是边承受边模仿边学习,以为不停的口角、争吵、恶言恶语和仇恨是家庭的常态,于是,兄弟姐妹相互之间也会大战几个回合。每个人都觉得自己被逼得无路可退了,被剥夺了爱的权利,感到孤独无助且躁动不安,并随时准备着战斗。这些人终其一生都无法体会有一种东西叫"爱",也永远不知道世上有人懂得爱。但是,对爱的心理需求是当下存在的,他们将永生渴求,狂躁不安地、嘶声呐喊地渴求爱。他们是永远不会快乐的。

奇怪而可悲的是,他们并没有意识到这一点,当然,也不知道爱的匮乏是他们焦躁不安的最根本因素。

这样的现象并不稀奇。即使是在一些看似幸福的家庭,我们也能见到它产生的不良后果(即功能性疾病和生活不幸福)。

弗娜是个美丽的女孩,母亲在她还是婴儿时就去世了。父亲一直以来对她的关爱微乎其微,甚至还把她送到了孤儿院里。在那里,弗娜所承受的是更多的虐待和心理折磨,而不是爱。到了15岁的时候,她遇见了尤金,一个独生子,家庭富裕,但他的母亲自私自利,一直对他保护过度。

尤金着迷于弗娜性感的气质和美丽的容貌,于是,他做了人生第一件（也是唯一一件）违背母亲心意的事——与弗娜私奔了。弗娜在孤儿院时就没有得到任何爱，在成为尤金的妻子后，更没有感受到一丁点儿爱。尤金为人太自私，以自我为中心，又太依赖母亲，以至于根本没有爱妻子的能力。尤金母亲住的地方离他们只有几个街区，她恨弗娜取代了自己在儿子心中的地位，绞尽脑汁地想要控制尤金，并挑拨夫妻之间的关系。

时间一年年过去。孩子出生了，这位祖母又在孩子身上下功夫，让他们讨厌自己的母亲。她成功地做到了，弗娜16岁的女儿经常挂在嘴边的一句话就是"我恨你！"

对弗娜来说，爱的匮乏还不是她内心唯一得不到满足的需求，还有一些其他的因素，比如，绝望的深渊。弗娜患了多年的功能性疾病，最后逐步恶化，严重到完全无行为能力。当医生向极其困惑的丈夫和婆婆解释病因时，他们表面上装出了一副关心的模样。但是，弗娜知道这都是假装的。唯一能解决问题的方法就是离开这个家，自己重新生活。

有个女孩的情况比弗娜还要糟糕。她生长在充满爱的家庭氛围中，但结婚后发现自己嫁了一个像一块冰冷的木头般、根本没有能力去爱别人的男人。这些丈夫（这样的人很多）忘记了自己的妻子也是有感情、有需要的普通人。

这些人除了满足自己的感情和需要之外，根本不花费心思了解别人的感情和需要。他们在某方面永远长不大，心智不成熟。即便是他们有能力爱，也不去爱自己的妻子。其实，"木头人"表现出对妻子的爱是很容易的，且每天有多种多样的小方法可用。一个拥抱、轻轻一吻、一句幽默、对其外表的一声赞美，或对晚餐的赞赏，都会让妻子干涸的心灵盛开出美丽的鲜花。

最后，他不得不为他所引起的功能性疾病支付高额医药单——当然，这些也是对这个大傻瓜有好处的。但尽管这样，他还是不爱妻子，责备她生病浪费钱，却不知这病因就是他那不成熟的愚蠢行为。这样的男人，是已婚女性得功能性疾病的最大原因。

性爱的重要性

我们所谓的爱情，是个复杂的东西。它由多种元素组成，其中一部分就是对性爱的需要。在任何婚姻里，夫妻感情与性爱都是紧密联系在一起的。如果夫妻之间的性爱不契合、没有激情、彼此不能满足，那么，婚姻将很难美满而有激情。

如果因为种种原因，婚姻中从来没有性爱，或者随时间流逝，夫妻对性爱的热情消退了，那么夫妇中至少有一人会变得焦躁不安，感到不满足，爱发牢骚，易怒，且怨天尤人。这种情况导致的功能性疾病很难治愈，因为病人往往因为羞涩而不愿吐露心声，因此也就无法治愈。有时候这种病即使告知医生也很难治好，还会引起其他许多奇怪的病症。

例如，A女士背部下方患有很严重的纤维组织炎，她去了好多家诊所和医院都没有治好。一般的治疗方式对她都没有效果。

A女士是个职业女性。她和丈夫的工作都不错，责任也很重大，因而两人几乎总是把工作看得过重，不注重生活。他们工作完回到家（家务由管家打理），只把家当作吃饭和休闲娱乐的场所。逐渐地，他们的性生活越来越少，兴致也越来越低，一部分原因是A女士总倾向于为了职业反对性爱，另一原因是A先生在秘密情人那里已经得到了满足。

起初，性生活的缺乏，A女士还是很开心的。纤维组织炎表面上看与她缺乏性生活无关。但是，随着他们各自有了新的感情和生活，并在人生中再次感受到性爱带来的满足感，她的纤维组织炎就神奇地不治而愈了。

很多其他的案例都表明，婚姻中性爱的不和谐是造成一方或双方功能性疾病的主要原因。

老人也需要爱

因爱的需求得不到满足而饱受痛苦的一群人是老年人。当他们深爱的、也深爱他们的另一半被无情的死神带走后，他们不得不独自一人继续走后面的路。一个老人失去了深爱他的妻子——也是唯一爱他的人，于是儿媳妇开始照顾他。儿媳妇总是公开地表示或隐隐地暗示，他是一个"我们不得不去忍受、去照顾"的人。所以，老人最后的一段人生就在刻薄妇人的嫌恶中度过，其子女也助纣为虐，老人的儿子则是无动于衷的态度，默许了妻子这种行为。许多老年人身上表现出来的病症，从表面上看，似乎是老年阶段的典型性衰退疾病，事实上却是功能性疾病，是日日夜夜的孤独、绝望和悲伤情绪造成的后果。

二、对安全感的需求

弗洛伊德说过，人最需要的是被爱。阿德勒则说人最需要的是使自己有价值。而荣格和卡尔·古斯塔夫则说人最需要的是安全感。所有这些都是有理有据的。人是复杂的生物，需要的东西很多。

生活要有安全感，我们必须有足够的金钱来购买你当前和未来人生所需要的生活必需品；自身的权利受到政府公正的保护，不受敌人和暴政的威胁；确定人生中不会有重大疾病或毁灭性的灾难；身边总有人能帮助你度过困境。

生活中不可能有百分百的安全，因此，许多自寻烦恼的人总会为那百分之几的不安全因素感到焦虑，使生活失去平和。他们为可能患上癌症而忧虑，这简直比活在地狱里还要痛苦。他们肯定地认为，各种各样的灾难总是近在眼前。

当然，这样的人永远不懂什么才是真正的安全感。因为时刻缺乏安全感，他们总是生活在痛苦当中，精神上、身体上都饱受折磨。他们大都患有严重的功能性疾病。这些人的问题在于他们总是不停地在担心。

感觉不安全的人常常会掩饰这种感觉，甚至还会自欺欺人。但是，他们总会不自觉地流露出内心的不安——至少他们的肢体语言是这样告诉我们的。

一个经理也许会对其职位缺乏安全感，因为能干的青年总是不断出现，直追上来。人也许会对生活本身缺乏安全感——战争中的男孩和纳粹军队中的犹太人，都对生活环境缺乏安全感；一个女人在丈夫提出要离婚时会感到缺乏安全感；一个男孩在学校里受大个子威胁时会感到不安全；任何人在困境中都会缺乏安全感。

我们生活环境的多变性，造成越来越多的人对生活缺乏安全感。尽管我们努力把这种感觉抛诸脑后，但这些不安全感还是会引发一些单调乏味的不愉快情绪，从而导致功能性疾病。

进入老年后，人们面对的一个普遍问题就是不安全感。他们害怕疾病，尤其是致残性的疾病。很多人还担心经济上的不安全。面对死亡会带来的后果,许多人也感到不安全。因为一旦老年人失去爱的人,从而失去平日生活的依靠、失去扶持的时候,必然会感到不安全。

因而,对老年人来说,除了爱的匮乏,再加上了缺乏安全感,本应温和舒适的老年生活,一下子变得残酷可怕。当比赛接近终点,选手快要跑到终点的时候,一路上应该有观众的欢呼喝彩,但相反,他们的一路上受到的却是麻木不仁的人的嘲笑和福利部门的盘问。

许多家庭无法给家人安全感是因为丈夫的无能——也许因为酗酒、懒惰,也许是由于运气不好,无法发挥才能,但这些借口只能减轻情绪压力,而无法从根本上解决实际问题。即将失去家庭、财产和名望更让人头疼,会造成肠胃系统的混乱和一系列其他的功能性疾病。

三、对表现创造力的需求

正在堆积木的小孩、正在缝窗帘的主妇、正在规划新公司的金融家、正在写诗的女孩、正在建造房屋的木匠——都感受到巨大的满足,满足于自己正在创造的新事物中。

任何人,如果不能在闲暇或工作时表现得有建设性的话,就不能够拥有真正的幸福。我们每个人都想跟上时代的步伐,并且感觉自己是大千世界的一部分,这是很自然的事。这种表现自我创造力的愿望如果不付诸行动,就会转变成越来越令人不快的、扰人的不安情绪。

但是,一旦这种愿望付诸行动,就会带来巨大满足,以及行动和创造时内心的喜悦。创造性的行为不应受到阻碍。一旦有强烈创造欲的人受到阻挠,他会有巨大的挫败感。例如,有个叫埃塞尔的女孩,我认识她是因为她患上了功能性疾病,生病原因主要是她的创造性被扼杀了,就像一个花骨朵,还没开就被人折断了。

埃塞尔和罗杰结婚了。他们都是有很好家庭背景的孩子,人品也都不错。从高中到大学,对未来的家庭和家人,埃塞尔一直有着美好的规划。当她和罗杰结婚时,国家的经济状况很糟糕,罗杰的父母就让这对新婚夫妇搬到自己家的一楼居住。后来,他们住进了二楼。埃塞尔的婆婆是个体贴的人,温柔得体,对埃塞尔很友好。她小心翼翼地暗示埃塞尔应该怎样做窗帘。埃塞尔本人很感激婆婆的建议并欣然遵从指导。这位婆婆看到埃塞尔欣然接受建议,因此受到了鼓励,提出更多的建议。

当埃塞尔生了孩子后,婆婆更是积极地插手进来。虽然不动声色,但在塞尔内心深处,开始滋生一种感觉,事实上她变成了罗杰家的一员，没有建立自己的家庭，也没有自己养育孩子。她的梦想消失得无影无踪。

更糟糕的是，她一旦想要走出这个困境，就不得不表现得极端不礼貌，且会使全家人痛苦。埃塞尔逐渐有了越来越多的挫败感，身体健康也每况愈下。于是，这又变成另一种信息，让这位婆婆觉得自己更需要介入。结果，这位婆婆就成了两个家庭的"母亲"。埃塞尔则是病情加重。

由于罗杰和父母都是聪明人，所以医生让他们最终明白了埃塞尔的困境。他们知道，埃塞尔最需要的是做她一直想要做的自己。她必须有空间来创造自己的家庭和养育自己的孩子。于是，埃塞尔和罗杰搬出来，住到了一起规划好的新家里。之后，埃塞尔就慢慢恢复了健康。

有许多人像埃塞尔一样深感烦恼和挫败，因为他们没有能够按照自己的愿望去做或创造想要的东西，这种愿望也许在他们幼年时就已形成了。这些人表面看来或许很快乐，但是，他们内心深处绝不快乐——他们的内在动力因为受到阻挠而变成了躁动的、得不到满足的焦虑和失望，最终，也许连自尊都丧失了。

四、对被认可的需求

每个人的内心都有种需求,希望自己和自己的努力能受到他人的重视——尤其是那些我们为之努力的人的重视。

每个人都需要被某人认可——他的存在是重要的,他所做的是有价值的。

经常发生这样的事:当一个人觉得自己的努力没有受到应有的认可和重视时,就算职位再好,他也会放弃。他感到愤愤不平,因为尽管他做的工作远远超过了职责所需,并表现出色,却没有任何一位上司或是同事认可他的工作。他渴望被认可的内在需要受到严重打击,所以选择离开。

不受感激的家庭主妇

再想想家庭主妇的状况。事实上,家务是最沉闷乏味、耗费时间精力的工作,从这个角度来看,当家庭主妇是最困难的工作。但是,日复一日、年复一年,大多数家庭主妇从来听不到只言片语的认可。

她们的存在、洗衣做饭的工作对于丈夫和孩子来说仿佛是天经地义、理所当然的事。餐桌上,饭菜一准备好,大家就自然地埋头吃饭,沉默不语,表情仿佛在说"吃饭时间终于到了"!

每个人都以为房间是自己变干净的，他们乱丢的东西会自己恢复原位；干净的衣服是自动跑到衣柜里的；家里本来就是这么舒适的，根本不需要任何人的精心打理。

工作难度大、缺乏认可、得不到尊重和感激，大大加大了家务工作的难度，可以说这是世界上最具挑战性的工作。丈夫不满意自己在工作上得不到认可，可以辞职了事，而家庭主妇却不能因此而撒手不干了。但是，在内心，她越来越强烈地感受到工作不被认可的失望。频繁的家务伴随着极度的疲惫感，其中大部分则直接来源于缺乏认可的心理空洞。她感到极度疲惫，就好像一个人被分派去做一个无活力、无意义的苦差事一样。

遭到忽视的老人

同样，在老年人中也有缺乏认可的问题。

一个老人的生活，随着身边朋友的相继去世，原本那些对他工作的认可、对他本人的肯定，也都一下子消失了。友谊最重要的一个因素是彼此的肯定和认可。一个人若没有朋友，那么，他只能纯粹靠自己的能力来满足被认可的需要，而对于在原来行业中已找不到工作的老人来说，这个途径已不再可行了。周围的人总认为人老了就等于没了能力，于是总会因为他们老了而觉得他们不再值得尊敬。尤其是这个老人又很穷时，他就更被视为社会的包袱。如果他很富有，他就又成了一个可敲诈一笔的对象。有些人对老人不但不给予肯定,反而把老人当作"废物"——一个已经消耗殆尽、随时会消逝的生命。

一个曾经勇敢、充实地活着的人,在年轻时有过一番惠及后代的作为,在年老时常常被社会冷漠无情地抛到一边,虽没有真正的明抢明打,但也是一种精神迫害。认可没有了,赞誉消失了,只剩下一个孤独的老人,不被任何人需要。老人对认可的竭力渴求带来的负面情绪更是加速了死亡的到来。

爱但不溺爱孩子

在一个小生命开始之初,认可的重要性如同爱的重要性。聪慧、进步的孩子总是拥有很多的认可和称赞——以至于他可能沉溺于其中而无法让自己的头脑保持清醒,从而无法真正认清自己。也许终此一生,他都自恃过高。

另一方面,迟钝、笨拙的孩子对认可的需求也许被完全忽略了。尽管步履蹒跚,缺陷多多,但他还是努力地想做一些事情来获得别人的肯定。他和我们一样,都渴望被认可。然而,身边的人对此的反应仅仅是觉得他再怎么努力都注定会失败。他觉得自己总是比不上他的兄弟姐妹,唯一得到的关注只是不断的行为管教,很少听到称赞之词,于是,他越来越感觉自己无能。他的自尊心逐渐丧失,也许永远也无法再恢复。他的心中满是痛苦和不安,甚至会故意做些坏事来引起另一种重视。他成了注定要失败的人，因为他的努力从来没有得到认可。

五、对新体验的需求

　　人一旦被困在枯燥单调的日常事务中，就不可能不染上负面情绪，也必然会患上功能性疾病。任何一种工作，只要做的时间一久，就会在一定程度上变得单调。然而，即使是做最单调的工作，只要想到前路虽漫漫，但有新体验在等待，这样的单调也就可以忍受了。

　　正如一位家庭主妇说的那样："如果不是期待着下个月可以到黑山去旅行，我恐怕就要以声嘶力竭的尖叫来发泄了。"

当一天开始时,如果你不怀希望,也没有一点振奋人心的东西值得去期待,那么,这一天你的心情会很差。更别奢望一次轻松的谈话或是遇见一位有趣的朋友。

这里,家庭主妇毫无疑问地又是处于最不幸的处境。每天的日常生活,带给男人们更多的变化,有更多的机会去体验新事物。他走出家庭,走出小区去工作,认识新的人,与新朋友交谈,甚至他的工作本身也包含了许多有趣的新内容。而对他的妻子来说,这样体验新事物的机会却是没有的。

缺乏新体验的生活能造成严重的功能性疾病。在我接触过的案例中,最好的例证就是A女士。

我第一次见到A女士时她才26岁。她和母亲住在一起,因为A女士当时已经卧病在床将近三个月了。每次她想要起床时,就感到头晕目眩,因而不得不重新躺下。很明显,她呼吸不正常。记得第一次受邀去给她看病时,我有事缠身,所以,派了一个我的诊所实习的学生去。

"哦,年轻人,你能确诊我一定得的是换气过度症!"这个小伙子很聪明,应对得很好。到那时为止,已有很多医生诊治过A女士,这些医生诊断结果多种多样,有称"贫血症""妇科病"的,甚至还说是"心脏病"。因此,除了感到泄气之外,她也很困惑。

A女士从小就资质平平——这也就意味着她的基本需求只能勉强得到满足。第二次世界大战期间她结了婚，并很快生了两个孩子。丈夫退役后，就找了个开车的工作，负责把分销中心站的面包运到周边的小镇。他总是凌晨两点就去上班，到中午才回来。当时房子既稀缺又昂贵，但他们还是找到了一栋房子，租金很便宜。房子离最近的小镇有10公里的路，它已经废弃多年了，外表看起来像土绿色，位于荒无人烟、满是岩石、光秃秃的山顶上。在那样一个凄凉恐怖的环境里，没有邻居做伴，仅有的只是几个破旧的房间，几乎都没什么家具。A女士竭尽全力地想让这个家像样一点，并以积极快乐的心态养育儿女。

由于丈夫需要大量的睡眠，而孩子又还小，所以，夫妻俩连晚上要出门娱乐一下的时间都没有。此外，出门也不太方便。每天丈夫早早离开后，A女士独自带着孩子住在如此荒凉的地方，她总不免感到害怕。即使养了条看门狗，也没有带来多少安全感。那些风化的棕色岩石在白天更让整个环境显得荒凉、沉闷。

如果丈夫能有一点点关心、理解和同情，那么，他也许能明白这样的境况对妻子来说意味着什么。但他只是整天到处运送他的面包，和其他卡车司机、工人开玩笑，在他自己的世界做他自己的事情。

而A女士根本无法离开那个地方，因为丈夫得把车开出去工作。当妻子的抱怨越来越多，病情越来越严重时，他反而感到惊讶和不高兴。妻子去娘家待的时间越来越长，他就觉得他合法拥有的家庭被剥夺了。他甚至责怪妻子看病花了那么多医药费。最后，当一个医科学生发现A女士的真正病因时，丈夫还觉得医生的解释只是不现实的想象和臆造而已。

后来，当他发现对症的治疗的确收到了成效，妻子慢慢有所改善时，他才开始关注妻子的需求。当他们搬了家，在一个美丽的小镇上买了房，有种着树的院子和友好的邻居，孩子们有了喜欢的玩具时，A女士就逐渐恢复到了以前的样子。这些变化虽小，但是，对于A女士来说却足够了。

正如我说过，A女士是个正常人——她拥有良好的自我恢复能力。完全没有可能体验到新事物（这正是像A女士这样敏感、热爱生活的女孩所需要的），再加上缺乏安全感、没有关爱、恶劣压抑的居住环境，都是她卧床几个月的罪魁祸首。一旦环境改变了，她就会好转了。

六、对满足自尊心的需求

尽管有失望，尽管一个人在生活中会经历各种或大或小的失败，然而大多数人都能够积极地想着好的方面，这样才有勇气继续向前。也许他真的没有什么能力，在其他人看来，缺点也远远多过优点，但是，他自己却能找到某一领域来实现他的个人价值——这至少是对不公正批评的反驳。

一个人尽职尽责却被炒了鱿鱼，或者被那些心存善意的人责备了，又或者因为一场大灾难，一个人失去了他一直为之努力奋斗的一切，他都会随即感到仿佛变得一无所有，感到失败和极度空虚，觉得自己完了。经过一段时间，他的自信——感觉自己最终会有所作为的信念又逐步恢复过来。尽管也许这种信念已有了一点裂痕，有了一点缺口，但他的自尊心又重新建立了。他几乎没有觉察到这些裂痕。

有的人会连最后的一点自尊心也丧失掉。他们认为自己在任何方面都是个失败者，已经没有什么值得尝试或努力了。他们感到这个世界上没有自己的位置，自己无足轻重，没有存在的价值，没有能力、判断力，也没有未来。过去的人生中除了罪孽和失败，再也不剩什么了。这些人所感到的绝望就像个无底洞，永远填不满。他们是世界上最悲惨、最病态、最可怜的人。这种自尊心的完全丧失状态，被称为抑郁症。

我认为有两种类型的人最容易丧失自尊心，患上抑郁症。一种人是自信心和自尊心都极为强烈，但事实上却没有相称的能力。另一种人是年轻时就形成了强烈的自卑情结，从未走出这一境况，最后，在一连串的失败中放弃自我。

抑郁情绪在人生任何阶段都有可能出现，但是，最常见是在中年时期。在那段人生里，当人回顾过去，发现一个明摆着的事实，即自己现有的成就根本没有达到预期计划和希望的要求，于是，信心缩回去了。这一点不仅仅将增加抑郁情绪，而且，如果再遇上一两次挫折，所剩无几的自尊心就会完全消失了。

约翰·迪奥一直是个自信的小伙，很喜欢自吹自擂。他总是批评别人的政治或宗教观点，并要"纠正他"。这个毛病使他在任何一个办公室里都惹人恼怒，尤其是约翰的顶头上司，因为约翰总是觉得自己的能力远在其上。40岁的时候，约翰·迪奥狂怒地冲出办公室，辞职了。而且，是他炒了老板的鱿鱼。那时候工作还很容易找，因此他很快就进了一家更大的公司，他以为在那里他的能力将得到认可，也会得到丰厚的回报。

但是他再没有升过职。他的政治观点开始变得尖锐。他开始对每个人都挑三拣四、尖酸刻薄。当他56岁的时候，有一天，公司老板冷静地告诉他,他没有必要再待在这个公司了。这时,工作没有第一次那样好找了,在他找到工作之前,他真正警觉到,也许他再也找不到另一份工作了。他的妻子,一直就是个难相处的人,这时更是没日没夜地责备他。

约翰最后被完全击垮了,开始意识到以前对自己的认识真的错了。他曾经引以为豪的优点,现在看来是一种虚幻。他梦想实现的目标,早已不见踪影。他将来唯一能依靠的只剩下福利部门了。约翰陷入了严重的抑郁状态,并被送进了福利院,由国家出钱供养。

在这个问题上,有很多种不同的境遇。有时候一个人的失败是毋庸置疑的,但有时候失败并不是像失败者想象的那样严重。

不管在哪种情况下,关键是自己有没有足够的自信重新站起来,继续努力。不能总是处于一种自我打击的状态中。

比起其他任何一种基本需求,丧失第六种心理需求会导致更明显、更直接的后果。其他五种需求得不到满足会导致茫然的焦虑和不安的慌乱情绪,但丧失自尊心则会造成严重的抑郁症。

如果能认识到问题之所在,控制自己的情绪,彻底的失败感会渐渐地消失,经过几个月或几年,一个人总能再次恢复自尊自信,重新成为于国于家有用的人。

怎样满足你的6大基本需求

好好想一想，看看你的生活中这6种心理需求有没有得到满足。问问自己：在我的世界里，我——

1. 是被别人爱着，还是孤身一人，不被需要；

2. 生活有安全感，还是整日在担心工作、金钱、社会地位和法律问题；

3. 在我的工作、业余爱好中，是充分展示了自己的创造才能，还是只是庸庸碌碌；

4. 是否获得同伴、朋友的认可和肯定；

5. 总是在期待新生活、新体验，还是只是个老顽固，终日禁锢在旧事物中；

6. 拥有自尊自信，还是自我评价在不断下降。

你完全可以直率、坦诚、客观地回答这些问题——这是你给自己的答案：

1. 如果你的处境类似于弗娜，世界上没有一个人真正在乎你，最好的补救办法是爱你身边的人，你希望别人怎样对你，就先这样去对待他人。要记住，成熟的一个要点，就是要抱有付出而不是得到的态度。爱身边的人，多行善事，尤其对那些意想不到的人，这是种巨大的满足感。

2. 如果你缺乏的是安全感，果断决定你要怎么来应付这种状况，并马上停止反复思量。如果你没有办法增加自己的安全感，那么，即使担心焦虑也无用，本来情况就够糟糕的了。

3. 如果你缺少的是表现创造力的机会，如果你觉得自己没有做成什么事，也没有创造什么新东西，感到自己就像一台机器，做仆役似的工作时，那么就投入到紧张的工作中去，别再让这种感觉侵蚀你的灵魂。

尝试一些你一直渴望去做的事情，独立地努力完成它，或者去参加最近的职业培训或成人教育，选修一门可以发挥创造力的学科。你也许会感觉到像重生一样。

4. 如果你渴望的是认可和重视，别再停留于渴望，要知道自己为别人所做的已经做到最好了，要这样安慰自己。同时要给予别人重视和认可。

女士们，如果你们的丈夫读到这本书，这个呆瓜也许明天就会给你一点称赞认可之词："亲爱的，今天的晚餐太棒了！"这种感觉一定很好，对不对？但是，即使你没有得到他的认可，你可以告诉他："你今天看起来好极了。我嫁了个英俊的丈夫。"他一定会喜欢你这样说，而你对他的认可对你自己也同样有帮助。也许有一天他就会投桃报李了。

5．如果你整天做苦工，困在一大堆琐碎沉闷的日常事务中，那么就用其他任何方法摆脱这一切，去找点乐子，体验一下新事物吧。你应该总是期待并计划好新生活。买些新东西，做些振奋人心的事；参加些有趣的活动，到没去过的地方走走。现在，马上就行动，开始你的新体验吧！

6．如果你最近自尊心受挫，谦卑地平复一下自己的心情。不要勉强自己去做得太多，也不要自恃太高，就做个普通人。世上普通人很多——是各种人中最多的。林肯总统也是个谦恭的平凡人。

因此，笑对人生吧！控制你的情绪，用镇定、勇气、决心和快乐来代替那些失败、失望、无用的压力情绪。我们都是很优秀的！

本章小结

每个人都有6大基本心理需求。如果一个人的生活中，任何一种需求没有得到满足，那么他的生活就会不快乐、紧张和不安，而且还不明所以、不知所措。这些需求是对爱、安全感、创造力表现、认可、新体验和自尊心的寻求。

如果你缺少爱——给予别人你的爱。

如果你缺乏安全感——没有必要忧虑，忧虑只会使情况更糟；要树起健康情绪的旗帜。

如果你缺乏表现创造力的机会——开始去寻找，没有什么能阻拦你。

如果你缺乏别人的认可——先给予别人认可，你也会得到认可。

如果你缺乏新体验、新生活——走出去，寻找新体验；时刻为新生活做好准备。

如果你丧失了自尊心——记住：你跟我同样优秀，而我们跟他们也同样优秀！

第十章

让生活变得丰富多彩的12条准则

如果你能在生活的某些重要方面保持一个特定的态度,那么你在成熟度和情绪管理方面会有一个很大的进步。这些重要的方面是指给很多人都带去相当多麻烦的心理方面,因为人们倾向于用典型的不成熟处事方法对待,也因此会产生很多情绪压力。

最好的方式是制订一个明确的计划,使自己在处理容易引起很多压力的琐事方面有一个成熟的行动计划。让我们试验一下这12条指导原则,它们会帮助人们缓解压力。

一、让生活变得简单

让自己关注那些总是近在手边或者容易处理的简单的事情。不要仅仅为了自己高兴,而刻意去找一件特殊的事情做。因为刻意追求,失败的人很有可能是那些有很多钱或者受过很高教育的人。

如果你学着从身边的事物中寻找快乐，那么生活会变成一次非常有意思的冒险。

抬头看看那片简洁又无边无际的蓝天，飘着朵朵白云，真是一件愉快的事情。每次你留心抬头看天空时，那种美总是那么震慑人心。这个时候生活是多么轻松愉快。当门框上的雕文让你不由自主赞美时，当一份炒鸡蛋让你心满意足时，又或者是当一位不知名的女士从街道走过，专心致志看着草坪时，她便成了大家眼中的风景。这些简单生活片段是多么轻松愉悦啊！

如果你像著名美国博物学家、作家吉尔伯特·怀特，著名发明家约翰·缪尔，哲学家、作家梭罗一样，被大千世界各种颜色、声音、气味、景象等各种精彩所深深吸引，活在当下每一个时刻，那种生活是多么简单，又多么美好。如果你跟美国诗人沃尔特·惠特曼一样，关注身边的每一个时刻，你的每分每秒就会像漫步在快乐大道上。

英格利什就是这样一个不平凡的人。我何其幸运认识了这一群非常棒的人，他们都能让自己真正的快乐。而他的快乐来源于身边的事物，在指尖触手可及的地方，在视野范围内，在能够倾听到四周声音的地方。

我还在念大学的时候认识了英格利什，那时他已经60多岁了。他身上有约翰·布鲁夫、约翰·缪尔和塞耳彭的吉尔伯特·怀特的优点——他享受身边的一切。他的生活很简单,唯一的需求只是能够看到、听到、闻到、触到外面的世界。他不需要车子就去旅行。因为他觉得步行可以看到更多更美的风景。他发现自己走上一公里看到的风景,绝对比别人开车一万公里看到的还要多。他认识每一棵植物——每一丛灌木,每一棵树,不管是它们的学名,还是俗名。他知道带边的水杨梅,知道哪些植物是印第安人用作食物的,哪些是用作画画的,哪些是其他用途的;他也知道怎么使用它们。只有少数一些人在断崖边上的橡树火堆旁吃过他用印第安野菜制作的饭,那真是一生中极其难得的经历。

他认识昆虫,并被它们所震惊。通过观察,他知道了某些昆虫的生活史,这些并没有第二个人知道。他喜欢鸟,在很远的距离就能认出并且叫出它们的名字。他对威斯康星峡谷的了解超过其他任何人。他非常了解那里,就好像是他自己的世界一样,在这里就像在家一样自在。晚上在峡谷看星星,听听来自森林的声音。

他告诉我,如何瞥见一只野鹿,哪里去找獾,如何引诱狐狸出现,哪里去找响尾蛇,怎样抓住它。他对地理、化石、洞穴都非常了解。

虽然他知晓这么多,但他并不是一个爱卖弄知识的人,只是一个常常微笑、很阳光的人。他常常斜压着一顶帽子,轻松地迈步在路上。他热爱这个世界，每一样东西都让他觉得很有趣。

我曾见过他花了整个下午去观察一只跳蛛。需要钱的时候，他会教课、演讲，因为他的人生经历比亨利·福特和约翰·洛克菲勒加起来还要丰富。当他听到别人的不幸遭遇时，他会轻轻微笑，问人家为什么愚蠢到给自己带来这么多的麻烦。对他来说，所有遇见的人，和那些植物、鸟类一样有意思，而且他也同样担心他们。

所有认识他的人都真心喜爱他，尊敬他。他的妻子总是说一年比一年更爱他，他们相伴了60年。

当然，我们不能成为英格利什，或者像他一样生活。但重点是，我们应当培养自己从身边的普通事情中持续不断地发现乐趣的能力。如果能做到这样，那就赋予了生活一个极大的礼物，它的价值是不可估量的。培养一种发现身边乐趣的能力，当然，带着这种能力简单生活。

现在，我要提醒你，生活就像飞翔，可以飞得很高，但它就是翱翔本身，也就是说，这是一种提升，提升之后一个人还可以回归到这个感官的世界上。不要不切实际，脱离最真实的生活。

二、避免无谓的担忧

这个世界上最可怜的是那些摆脱不了自己的一些观念的人，这些人认为其自身有一些很严重的问题。正是这些问题腐蚀了他们的健康。他们总是很悲惨，不断去听发动机是不是有异常声响，有无磨损的声音。他们就是属于那个庞大的组织——"每日病症俱乐部"，因为该俱乐部要求每位成员每天起床的第一件事是问问自己："今天我哪里不舒服？"

肚子容易疼的人很可怜，非常需要我们去关心和帮助。他们肚子疼是因为：父母就患有慢性肚子疼，他们给可怜悲惨的孩子灌输的观念是我们的身体就是各种疼痛、疾病的汇集地。

医生给这些情绪诱导症患者做了身体器官的检查。这些医生，或者因为缺乏经验，或者考虑更多的是他们的收费、他们的时间，而不是把这些患者当成病人。一个很有意思的生理现象是：如果我们停下来，问问自己"我哪里不舒服？"我们往往可以通过自我检查就能发现不舒服的地方。那些习惯自我检查的肚子疼患者就是不断地关注这些不舒服的地方，不断强化这些疼痛。一个人过分关注自己的那些疼痛就是把原本不太重要的小病痛转化为特别严重的病痛，甚至比原来严重十倍。

让肚子疼火上加油的是一种普通的纤维组织炎引发的肌肉鞘和腱子痛。纤维组织炎从来都不会转化成严重的疾病。它主要是由情绪引发的病症，因为肌肉的运作、温度和湿度的变换被人为地夸大了。这本来是非常普通的事，没有几个人不得这个病。

有些人，就像我，也有纤维组织炎，有些地方经常有点疼。肚子疼患者是把因为纤维组织炎而引发的每寸疼痛都挤出来。在不了解这点疼痛仅仅是因为纤维组织炎的情况下，就妄加担忧恐惧了。如果纤维组织炎是在胸部，他们就确信他们有心脏问题；如果是在头皮，就说有脑瘤；如果是在腹部，就认为是胃癌晚期。

有时，当你无事可做的时候，把你的注意力集中在喉咙，过了一个小时你会发现为什么有人会有这样的担忧。他们确信他们的喉咙出问题了，感觉被堵住了，有些浮肿、发炎、有痰、像癌——总之，碰到了突然的大灾难——至今医学上还没碰到过的问题。当这样一个深信自己喉咙有问题的患者出现在医学博士面前，并被告知他的喉咙一点问题都没有时，他会以一副难以置信的表情看着医生。

事实上，有相当一部分人，身体没病，只是精神上不健康罢了。他们认为自己是不健康的，而且未来也不会康复，正如你和我不期盼会变得年轻一样。遗憾地说，他们有这种观点往往是因为一些懒惰的医生的教唆，对他们感受的一些不舒服给一些简单的器官解释。

举例而言，我有一位女病人，总是认为自己的腹部有一股液体在以一种奇怪的方式流动。为此，她做了三次大手术。事实上，她只是得了子宫肌瘤，并没有大的影响。

她曾经去看过一位不负责任的内科医生，并且得知她的问题就是这颗肌瘤导致的，应该手术。我认为我对她的病因解释得很清楚，而且很好地缓解了她的焦虑。然后，因为一时的怀疑，她又去看那个内科医生了。

内科医生做了手术，之后对她保证手术已经把那个讨厌的肌瘤去除了，而且因为他的慷慨大方，把她的卵巢也一并去除了，再也不会给她带来任何麻烦了。这个女病人感觉身体好了，心情也很愉悦。然而，两个月后，她又有新的抱怨了。

现在，她的想法是，"如果我之前的病症是必须通过手术去除，那么这个也是"。目前，合理的治疗比之前更加困难。我又尝试着，但恐怕这种想法已经在她脑中根深蒂固了。她始终认为自己又有一个器官得病了，再也不会好了。她从来不期望身体能好起来。她已经成了下个建议手术去除方案医生的板上鱼肉了。

但也并非总是医生的过错。约瑟芬是一位非常美丽的未婚少女，为了照顾双亲而甘愿牺牲自己的幸福，甚至将曾经的冒险计划也搁置一边。表面上，她的心情很好，但实际上，她悄悄地反抗自己的命运。

她患上了胃溃疡，因此抱怨不断。她的抱怨加上她父母的抱怨，太折磨人了，以至于她的内科医生同意依靠手术去除胃溃疡。现在，几年过去了，她那可怜的腹部又痛了。而这次没有胃溃疡。这个内科医生又照本宣科地选择了手术治疗。他知道他可以去除她的胃溃疡，但他同样也知道在胃溃疡去除后，他无法去除她腹痛的根源——压抑、不如意的生活环境。

历史上人们从来没有像现在被这么多疾病的警告炮轰过。广播及电视不断地暗示各种症状，以便卖出更多的药，尽管真正的病人并不需要这种药。任何人在正常的精神状态下，能够感受到某些固有的症状，然后去买这些电视及广播推荐的非常有疗效的药。报纸、杂志大力描述某种疾病，并把很多正常的感觉叙述成病症，所以任何一个人都能设想自己得了该病，或者很快就要得该病。历史上公众从来没有这么注意和害怕疾病。这些已经构成了情绪诱导病发作的一个主要因素。

一个人在不好的情绪下可能会引发各种病症。如果他不在意这些病症，即便他知道这些是什么，或者他有其他更重要的事情去思考，都不能说他有情绪诱导病。但如果他对这些症状忧虑、重视，而且因此而变得自怨自艾时，那他就得了情绪诱导症。

我的一位病人是一家大公司的经理。在承担着重大责任的同时，他也承担着巨大的压力。当他工作的时候，他经常感觉胸闷。但因为这并没有什么特别的不舒服，而且他对工作也很专注，所以他并没有在意这个，还是像往常一样工作、生活。

在一次例行检查时，他跟公司的医生提到胸闷。医生告诉他有可能得了早期冠心病。从那以后，这个可怜的人就受到打击了。他总是想起自己的心脏问题，当感觉到胸闷时又极其忧虑。他不能工作了，完全成了一个病人。为了能再回到工作中，国内许多著名的心脏专家给他做大量的检查，强化治疗。最后，他终于能够直面胸闷了——那只是他的一种苦恼、忧心、焦虑、着急的表现，只是他工作上的一部分压力。

要确保身体健康。以下有一些方式让你的身体变得健康。每年在一个明智的医生那里进行一次彻底的身体检查，确保你的身体是健康的，或者没有问题的。在年度体检期间，相信自己是健康的。如果对身体有什么疑问，去看同一个医生。如果你的猜测毫无根据（担心总是这样的），就到此为止。不管医生说什么，知道自己是健康的，比相信身体有问题要让人愉快得多。

我们在第一部分里已经了解到，持续地怀疑自己有病的病态恐惧会最终导致情绪诱发病。

三、学会喜欢工作

很有可能,你就像其他人一样,工作是为了谋生。正如生活中其他的必要因素一样,你也可以喜欢它,避免因为不喜欢而产生的一些问题。

如果一个人确信自己不喜欢工作,那么当他工作的时候总是千篇一律重复一种不愉快的心情,这也会走上情绪诱导症之路。曾有一段时间,我倾向于对那些不喜欢工作的人建议重新找一份喜欢的工作。然而我发现,他的第二份工作不会比第一份工作更好。根本原因是他不喜欢工作。

很明显，一个不喜欢工作的人，当他工作的时候，他的情绪是多么糟糕。而且，像平时一样，他总是能不断地找到不工作的理由。然后，不工作导致没有经济收入又会产生更加糟糕的情绪。

游手好闲的人是不会快乐的。一直以来都有个迷思，几代以来总有一半的人相信懒惰、游手好闲的人会过得很快乐。他们简直成了辛苦工作谋生的人羡慕的对象，比起普通人，他们更有发言权，甚至多得有点过头。但是，不管怎样，这只是规则的一个特例。规则就是，大部分懒惰、游手好闲的人都过得很悲惨。据我所知，25个懒惰、游手好闲的人中只有一个真的过得无忧无虑。而他碰巧是一个精力充沛的人，却只是在荒废自己的精力。

除非，你想老死在监狱或者接受救济，否则你最好说服自己喜欢工作。对工作的不喜欢所产生的负面情绪绝非只有一种。

我们都有自己的喜欢和不喜欢，因为会有别人的建议，有时这些建议是冒失的或直接的，有时是暗示的或者秘密的。其实不断地劝告自己喜欢工作并非难事，只要你还年轻，脑子中的观念还不太固执。这种劝告越强烈、越频繁，接受就越容易。一段时间练习后，早上起床的时候，你可以捶着自己的胸口，就像人猿泰山一样，然后大喊一声："来吧，工作！加油工作吧！"

年轻人在高中时期或者大学时期总是对未来要选择什么样

的工作，或者最适合做什么工作感到异常困惑和烦恼。事实上，什么样的选择并不是最重要的。任何人都能把很多事情做得一样好：有些人能胜任任何一种工作。最重要的部分是那个人想要工作。有了这种素质，他就能成为一个好的医生、一个好的水管工，或者一个好的老师。没有这个素质，他就不值得拥有任何一份工作。更糟糕的是，他会毁了自己。

如果一个人喜欢工作，而且体会到做好事情的那种简单的快乐，他做的事情有益于社会，他会感觉满足，那么他工作的时候就会产生一种愉快的情绪，不仅仅是他，他的老板也会感受到。

工作就是治病良药。喜欢工作就是抵制情绪诱导症的最佳预防。

如果一个人工作很多，而且喜欢工作，那么他很少会得情绪诱导症。他没有时间去"想"。"想"通常意味着在精神上克服困难。在这本书的前面部分我提过，在本地社区，患情绪诱导症最少的是那些农夫的妻子，她们有八九个孩子要照顾，有家里要照料，还要在农场工作。她们根本没有时间去"想"或者生病。正如一位病人所说，曾经他几乎没有事情去做，"我一直都很好，直到我开始思考"。

四、培养有益身心的兴趣爱好

除了工作,一个吸引人、富有创造性的兴趣爱好对快乐的人生至关重要。我们的两个基本需求是:对新体验的需求和对创造的需求。一个有益身心的爱好同时满足这两点。

没有爱好,闲暇时间就会变得非常无聊,而我们的大脑就倾向于思考那些麻烦事了。

有意思又充满创造性的爱好有很多,我不需要列举出来。总而言之,我会说,充满创意的爱好比收集爱好更让人感到满足。但收集爱好也不赖。

我记得有一位病人,是个70多岁的老太太。近40年里,她不断地重复她的腹部有多么难受。她能花几个小时不停地说她去看全国最好医生的那些悲惨的经历:每个医生做了什么,说了什么,每次她的腹部感觉好些了,或者没有变化,或者比之前更糟。每次重复说这些的时候,她会有些修饰,细节会有所改变,但即使这样,对她的家人来说,也早已陈旧又老套。他们已疲于听她说这件事,很可能是厌倦看到这位喋喋不休的老太太不断重复这些事情。她的孩子们躲着她,也躲着听这些倒胃口的事情。她便把孩子们的疏远也加到她悲惨故事的章节中。

有一次去看望她，我又听到了她那扩充版的故事。因为之前我早就听了很多遍，我试着插句话："为什么你不找个爱好呢？"

我没有得到一个回答——她还是讲她的横结肠，所有的悲剧也源于此。但出乎我意料的是，两周后她打电话给我，说："我有一个爱好了。"

"很好，"我回答道，"是什么？"

"收集纽扣。"她回答道。

我的第一反应是："啊——收集纽扣！"但从那时起，我看到她在收集纽扣，甚至觉得有时我也要找个爱好。这个爱好给这个老太太打开了一扇窗，让她变成了一个令人喜爱的老太太。

如今，当她听到关于纽扣的消息时，她会出去找这个纽扣——也许，这种寻找需要好几天。找到的时候，她会把这个纽扣放在有类似纽扣的卡片上，然后把卡片竖着放在客厅墙上。当有客人来的时候，比起那个悲惨的大肠的故事，她更愿意讲这些纽扣的故事。现在，她的家人渐渐回归，也开始对纽扣感兴趣了。

一天，这位老太太到麦迪逊市去找威斯康星的州长。我记得那时的州长是古德兰德先生。他已经84高龄了，而她也有74岁了。当她获得允许接见的时候，她说："州长先生，我今天来是问你要一颗你衬衫上的纽扣,把它放进我的收藏中。"

"我非常愿意给你一颗,"州长回答道,"但是我没有工具来剪下纽扣。"

这位老太太早已预料了这个问题。她立即从手袋里拿出一把剪刀,交给州长。这个令人尊敬的州长把他所有外套和衬衫上的所有纽扣都剪了下来。

他把这些纽扣交给老太太时说道:"夫人,给您这些纽扣。我愿意给您更多,但现在我得回家去拿了。"

五、学会满足

有一种情况下,不满足是可以理解的:明显的职责疏忽、不诚实、粗心大意,或者不称职。但是当情形无法改变的时候,或当不满看起来完全没用时,发泄不满就完全没用了。

例如,你遇见一个对天气抱怨的人,或者他对其他任何事情都很容易抱怨。生活在习惯性的不满之中,犹如靠近地狱生活一样,什么都是不好的。真正的悲剧是这样的不满一点用都没有,而且也没必要。

你还记得我去年圣诞节购物的时候遇到的一对双胞胎姐妹吗?她们其中一个很容易满足,看到什么东西都喜欢。另一个却对什么都不满，事事都要从鸡蛋里挑骨头。

这种不满的习惯通常是无意识获得的，孩子生活在一个争执不休的家庭中，那他们的孩子也会不知不觉养成事事抱怨的习惯。

人们养成不满的习惯有很多种不同的方式。艾伯特是一个有点笨拙又点"古怪"的小男孩。其他小孩总是让他当他们做坏事的替罪羊。艾伯特渐渐变得爱怀疑，也不喜欢所有人。他开始讨厌别人喜欢或者觉得重要的东西。如今，他对每件事、每个人都不满，除了他自己，因为他会不自觉地为自己的所作所为辩护。

还有一些人变得习惯性不满是因为一系列不幸使他们对所有事情都很失望，而他们最初并不具备克服这些不幸的坚强品质。这种事情常见于婚姻不幸的男女身上，因为即使婚姻不幸福，他们还得与另一半过下去。很多人被束缚在这种婚姻里，这些人却没因此气得发疯，真不能不让人赞叹啊。亨利有一次告诉我这个秘密，而且亨利知道他自己就被束缚在这样一个婚姻里，这是我见过最鸡肋的婚姻。关于这个秘密，亨利说："就是培养对这个不幸福的欣赏和喜爱。"

如果我有足够的钱可以给什么人建一个雕像的话，我会给亨利建。因为33年的不幸生活，使他遭受了可怕无情的打击。但是，他接受这些，并且保持了一个乐观的性格，依然对这个世界有着温暖友好的看法，对人们有着不同寻常的善意，很多圣人不及他的一半。许多像亨利一样的人是长在灌木丛的鲜花，在那些荒凉燥热的空气里消耗绽放的芳香。我希望有一天我可以筹集到足够的钱，建一个雕像或者雕刻群来赞扬他们。

喜欢抱怨的例子

我的一位年轻的女病人因为患了情绪诱导症而需住院治疗。她的情况一塌糊涂。潜在的问题是她已经对她生活中的一切都不满。她在东部一所知名学校念书，秘书专业。毕业后她在华盛顿有一份很好的工作。第二次世界大战爆发后，一位年轻英俊的上尉经常出入她工作的办公室。

一加一等于四——我的意思是，刚开始的时候——他们结婚了，"二战"结束的时候他们有两个孩子。战争是结束了，仅仅对其他人而言，不包括她。她生活在一辆房车里，在那里养育她的两个孩子（很快就有三个）。

第一次我被叫去看她的时候，她躺在房车一头的床上，军官紧握着双手站在另一头。她告诉我——她表达清楚，并以一个让上尉恼火的声音说——她不喜欢做家务，而且她也不喜欢住在房车上，或者把房车当家，也不喜欢在一个糟糕的房车上养大孩子，而且（这点她没有明确讲，只是暗示）她并不肯定她是否喜欢她住在房车上的丈夫，而且，她甚至希望当初能坚持她在华盛顿的秘书工作。

从其他的评论看,我很肯定她对她的医生也不满,因为他没法治好她的晕船和头晕。她对住院的想法欣然同意,仅仅是因为这样可以带她离开那个房车。没有给她诊断(我们已经过了暗示阶段),我命令她去图书馆借四本《波丽安娜》①系列的图书。

目前,很多人认为这些书是愚蠢的书,但往往这样称这些书的人是因为他们极坏的性情而处于一种防御状态。他们对这些书一知半解。不管怎样,这位年轻的女士正在读这些书,我没有说一句话。此刻,她正享受在医院的时光。

有一个早上,她自愿给我讲她自己的诊断。我自始至终都知道她很聪明。她说道:"我一直在思考,或者说尝试着思考。上帝啊,我是多么渺小的一个傻瓜!我一直对房子不满;对要在房车上养大孩子不满;对我的丈夫不满,因为他不能提供更好的生活;我还不满自己不再拥有好工作。"

"好吧,医生,我一直在思考——我就是一个傻瓜。我不能改变这些,至少目前不能。你和《波丽安娜》赢了。我为什么要把自己弄得这么悲惨?这个就是答案:在房车上生活,毕竟非常容易,而且也没有诡计。如果贾德和我不喜欢起居室窗户外的风

---

① 《波丽安娜》:美国著名童话,作者是埃莉诺·霍奇曼·波特(1868~1920)。该系列书塑造了一个乐观向上的女孩形象,因此波丽安娜也早已成为乐观的代名词。

景，我们可以把房车移开，换一个更好的风景。"

"至于在房车上养大孩子，他们要是在户外跑来跑去开销很大，而且三十三街上也没地方让他们玩。我打算干得好点，我还打算开始设计一所小房子，就是贾德和我将来想要的那种。为我祝福吧——我不会为此去换世界上最好的秘书工作。"

你看，她有了这些简单的想法，满足比不满要容易得多，而且也健康得多。她读了所有《波丽安娜》系列的书——我猜肯定有16本。她很快就学到了满足的艺术。她还形成了自己的小心思，并且很快乐地做这些事情。不久，她就痊愈了。

正如我所说，她有很好的判断力。很快她就发现了家庭的幸福。最终，他们搬到了她和贾德向往的房子里。我喜欢去拜访他们，看看当他们明白那样的生活有多么重要时，他们的家庭是多么愉快和欢乐。

感觉良好并不难

关于满足和不满，请记住两件事：

首先，发现日常生活的满足而非不满足，这个很容易，而且做起来也很愉快。所有的要求是有感到满足的意愿。明智的人知道如果你让自己沉浸在沮丧中，那么生活就是一个挫折接着一个挫折；但如果你决心让自己感到满足，那么生活就是一个满足接着一个满足。麻烦是自己制造的。

其次，另一个驱逐不满的窍门是放弃各种需求，避免既想要这个，又想要那个。当然，这个就回到我们的第一条，培养简单的生活，就近利用身边的事物。我认识一个中等收入养着一个大家庭的男人，他因为想要一些自己不能负担的东西而把自己弄得很悲惨。刚开始，他想要一个昂贵的相机。他让自己陷入深深的渴望中，最终他买了这台相机，尽管没有全部的钱去支付它。当他有了这个，他又开始想要一个动力锯和一个钻床。如此继续下去。他总是不满足他已经拥有的东西，认为他需要的更多。而与此同时，他的家庭却没有得到真正需要的东西。

如果这个人能够在容易得到的东西里面获得乐趣，他的生活会容易很多。他的教育是有缺陷的，没有人教他怎样在不花钱的情况下找到乐趣。只要一点点帮助，他也许就能学会享受我们身边的美好与奇妙。如果他花一美元买一本吉尔伯特·怀特的《塞耳彭的自然史》，他会发现一次简单的散步比一屋子的工具更有意义。

学会满足可以帮助我们具有良好的适应性，更有效率，更快乐，拥有一个多姿多彩又有益的人生。

六、喜欢他人，努力发掘他人的闪光点

厌世的人通常来讲，即使与陌路人在地铁上擦肩而过，或者高速路上遭遇堵车，都会产生不好的情绪。包容别人比容忍蝙蝠的存在更困难，况且人比蝙蝠多得多。

厌恶人群的人

有的人不喜欢任何人。当遇见精神诱发症的人，你会惊奇地发现：世界上有那么多人他们都不喜欢，不管是未谋面的总统还是其他普通人。他们不会主动问候陌生人，也从不关心任何人。尽管他们必须生活在群体组成的社会里，但因为自己的狭隘，常把自己封闭在一个与世隔绝的空间里。通常，只有在他们需要从外界得到什么的时候，才会与其他人一起合作。

我的一个患者是一家制造企业的主管，他主管一个有6000名员工的工厂。患病初期时，他感觉乏力、发抖、头晕和呕吐。一旦他进入办公室和另一位副经理工作时，这些症状就会出现。后来，出现这些症状的频率越来越高，不久前，他即使在家里很少想工作的时候也会发作。这样一来，他开始慢慢变瘦。他和妻子都坚定地认为他患了恶性疾病，将不久于人世。

他的病根在于：他不喜欢和他共用一个办公室的另一位副经

理。他自己描述道:"我第一次见到他就不喜欢,我讨厌他的发型、吹口哨和他对人说话的方式。他总是以'听着'开始,最后还要说'难道你不懂吗?'"进一步询问他后,我发现他对任何人都不喜欢。他不喜欢爸爸、妈妈和姐妹,甚至他连自己的妻子也不喜欢。总而言之,他谁都不喜欢。

令人惊奇的是,最后他居然从这样的病痛中康复了。他开始让自己去喜欢那些在工作中必须接触的人;他开始相信,别人也有值得喜欢的优点,并不辞辛苦地培养那位副经理,偶尔还和他一起出去喝喝啤酒。最后他发现自己彻底消除了病痛的困扰。

多数人的苦恼都是他们不喜欢别人的表现。我曾经叫一位看起来有诸多苦恼的病人写出他的所有烦恼。他把一张打印纸大小的表格都填满了。

第一条苦恼:不喜欢别人嚼口香糖。"我不能忍受任何人嚼口香糖,一看到他们嚼口香糖,我就会情不自禁地磨牙。"

第二条:不喜欢妻子在摇椅上摇来摇去。"当看见她摇来摇去的时候我就想上蹿下跳,并呵斥她停下。"

第三条:受不了女儿弹钢琴。

别的还有很多很多。可想而知,家庭给他带来的苦恼让他痛苦万分。

厌恶别人实质上是幼稚

这样的怨恨是非常幼稚的，是由童年时期的自私心和以自我为中心的性格造成的。有些人没有朋友，或者曾经有过后来又失去了，然后，他们把自己封闭在狭小的空间里，这是一件很痛苦的事情。更糟糕的是，他们不会因此自责，反而将过错推给别人——那些不愿意和他成为朋友的人。如此一来，他们发现自己被孤立了，觉得自己可怜并为此而心生怨恨。慢慢地，他们就会患忧郁症，变得越来越自卑。再加上其他人带来的一些苦恼，他们的生活会变得更痛苦。

健康生活的一个最好的方法是喜欢别人，并积极参与人类事业。比如为消除种族主义做出贡献，会让你远离封闭状态和抑郁心情。人最大的快乐来自给别人带去快乐，比如同事、邻居家的小朋友以及一栋楼里的居民。

社会上没有单独的"个体"存在。我们每一个人都是"个人—集体"的组成部分。从现在开始，如果美国所有人都独自生活，不接受社会上其他人提供的物品和服务，那么，一年过后，还能活在世上的人将不足200人。主动地参与人类事业，感受自己是社会的一分子，并把自己视作"个人—集体"的组成部分，这是成熟的重要因素。

七、养成说愉快舒心话的习惯

世界上有许多像山姆那样的人,总是说些令人沮丧和煞风景的言语。这样尖酸刻薄的言语会破坏眼前的一切,并让每一天的生活都变得糟糕透顶。有些人的抱怨是有规律的,身份卑微的人和身处高位的人都觉得自己应该呵斥他人。身份卑微之人认为自己理应抱怨当下的处境。而身处高位的人觉得自己的地位是理所应当的,于是,他们抱怨昂贵税务和政治反对派,斥责那些比他们身份低微的人。

在整个人生中,那些幽默的、微笑面对生活的人总比那些说伤人言语和抱怨的人受益更多。据我所知,一些企业高管都承受着巨大的工作压力,但他们却像街上欢快跳跃的小女孩一样和善、可爱。这样的人也很少患病。

另一方面,也有许多企业大亨,他们的人生充斥着咆哮、吹嘘和不满。他们总是在言语上抨击别人,把自己弄得像一个小丑。亲爱的朋友,你们不必羡慕这样的企业大亨,他们一直都像一头暴怒的公牛一样乱踢咆哮。可以确信的是他们的生活的确就像传说的那样悲惨。在他们通往成功的阶梯上,处在最高处的他们和当初身处底层的他们一样痛苦。唯一不同的是,成功后的他们被自己显赫的地位所迷惑，与此同时，新一轮不成熟的情绪冲击又令他们痛苦不堪，周围的人和事也令他们头疼不已。

好好开始每一天

养成好好开始每一天的好习惯。适当的时候你可以利用一些小技巧，尽管有点夸张，比如早上起来对爱人说："亲爱的，早上好。你今天看起来真漂亮。"

另一个小技巧是：走到窗边，抬头眺望远方，用动听的男中音或者女高音大声喊："哦，这真是一个美丽的清晨。"喊声要足够大，在路的另一端也能够听到。如果是下雨天，你也可以满腔热情地喊："哦，多么美丽的雨天。滋润着美丽的大地！"

诚然，这听起来有点傻，但确实有效果。确切地说，从低落情绪中走出来最简单的方法就是说一段愉快的话，如果能讲一个有趣的故事，那效果将更好。你越擅长开玩笑、说轻松的话、有幽默感，你就越容易远离失望、挫败感和情绪诱发病。此外，幽默感会让你在和别人相处的时候更有亲切感。没有人会喜欢一个悲观者。所有人都喜欢自己身边的人有幽默感和愉悦的感觉。

以愉快的心情与家人相处

培养家人在一起愉快交流的习惯对家庭生活尤为重要。为了自己、孩子或者良好的消化系统，请不要在家里吃饭时讲些烦恼、焦虑、担忧、警示和谴责的言语。更重要的是，有的人理所当然地认为：没有必要在家庭里说些快乐友善的话。请不要让这样的感觉在你家里弥漫。整日的抱怨正是许多家人日后患上神经过敏症的温床。

幽默感都是在常识中产生的，但角度和形式各有不同。实际上，幽默感都是可以培养的，如果想成为一个有幽默感的人，通过练习就可以成为那样的人。

我们镇上以前有一个牧师，刚开始他没有一点儿幽默感，就像干杏仁一样沉闷无趣。并且，人们和他交流起来也非常困难。但是，他采用下面的方法慢慢地克服了这两个缺点。他每天阅读并记住一个故事，第二天就把自己记住的故事讲给他遇见的人听，日复一日。通常，他给别人讲一个故事的时候，别人也会给他讲一个故事。慢慢地，他能记住越来越多好听的故事。久而久之，他能在任何场合绘声绘色地给大家讲好听的故事。后来，整个国家的人都知道他是一个很会讲故事的牧师，人们也很喜欢接近他。

八、多思考怎样做才能活得更好

身处逆境也是易发情绪诱发症的因素之一。如果人们拥有的一切在顷刻间化为乌有，那他们会彻底失望，不知生活该如何继续，徒劳感和挫败感也将淤积成灾。大多数在逆境面前放弃努力的人，他们内在的不足是自私心和以自我中心的不成熟心态。当他们身边的人逝世时，他们不为此感到悲伤，而是会自私地盘算这会给他们带来什么好处，比如什么服务将不再拥有。

曾经有一位贫穷、自私、以自我为中心的妇人，在她丈夫死后就彻底歇斯底里。她的情况严重到强烈要求儿子辍学回来陪她。她说："如果儿子不陪我，我一个人不能活下去！我不能孤独一人！我需要有人陪！"可是，她从来都没有友善地对待过她的丈夫和儿子，也从来没有为他们着想，并且她还要继续毁灭儿子的生活。

你还记得前面提到的威廉吗？当他妻子因为患肠道疾病逝世时，他也因同样的病住院治疗，但后来康复了。我认为没有其他夫妇能够像威廉夫妇那样互相支持、互相欣赏。

当得知妻子的死讯时，他心情沉重，然后默默地沉思了几分钟。过了一会儿，他以非常感激和坦率的语言讲述了他和妻子间的故事。那些感人的故事表明他妻子是一个友好且伟大的女人。从那以后，他不再提及妻子和她的死，他也从不为现在一个人的生活感到悲伤。他离开医院返回了他们两个人的家，家中就只有他一人。他依旧按原来的方式生活，没有提到要对房屋进行变动,也没有提及这个他们称作家的地方不再有他妻子的身影。

当我到他家拜访的时候,他和以前一样。他还是那样快乐,对伟大神奇的世界依旧很感兴趣,就好像他从来没有游玩过似的。他没有流露出半点迹象表明他现在的生活变得空虚,或者和原来有什么不一样的地方。很快,他就出门叫上了他周围的老朋友(每个人都是他的朋友)一起出去游玩。他的生活看起来就好像什么都没有发生过似的,一切还是那样平静。

几年前,我在办公室外面的街道上遇见了他。他对我说:"哦,医生你好。看来你正要着急去什么地方?"

"不,"我回答道,"不着急,只是习惯了赶时间。我正要去看一个很难缠的病人——这个妇人自从4个月前她丈夫逝世后,她就变得烦躁不安,一直卧床不起。"接着我还补充道:"很少人能够像你那样有勇气和智慧面对人生中的逆境。"

他回答说:"这并不难。如果你继续做你应该做的事情——人在世上,当你不能改变某些事情的时候,最好就是接受它,并思考自己最有可能以什么样的方式继续生活。一个男人失去妻子,女人失去丈夫,都是悲伤的事。但是,为什么自己要一直悲伤呢?这是一个长久争论不休的哲学议题。可是,医生你现在太忙没有时间听这些,我以后再给你讲。"他笑着走开了。

九、遇事果断决定

在生活中你不得不面对许多问题。你在处理大多数问题时，不可能总是正确的，也不可能总是采用最精确的方案发挥你最大的特长。不过，总的来说你可以采用这章讲的原则和方法，让你的错误不至于扩大或变得格外严重。

此外，最好让自己意识到允许并承认一些错误比在一个小问题上患得患失、犹豫不决要好。犹豫、思绪混乱地做决定只会让你焦虑烦躁，进而得情绪性疾病。

在我们做的所有决定中，只有很小的一部分需要长时间研究才能正确抉择。与此同时，很多不同的决定最后产生的结果都是类似的，比如一个人决定是购买刻有雕花的盘子还是画有金色图案的盘子，花时间对这种类似的问题做决定都是不成熟的表现，因为购买任何一个盘子最终都会达到很好的效果。

因此，做决定最好的原则是：不要在生气、自我膨胀、忙乱的时候做决定。做决定时，应该思考的是处理这些问题需要做些什么，而不是去思考问题本身。

我的一个病人患有严重的周期性肌纤维炎，严重到她有时需要卧床数周进行休养。没有什么治疗方法能让她感觉到一点好转。但她精力依旧非常旺盛，并且很自信。此外，我知道如果我告诉她，她患的肌纤维炎是由自己乱用情绪造成的，她会因此怨恨我。但是，通过观察她几次的征兆，我确信她生活中的某些困扰是她患病的原因。

我正在计划以怎样委婉的方式引起她注意的时候，她把诊断书递给我看了。这让我感到很欣慰。她说："我想我知道我患病的原因了。医生，你有可能不赞同我，但我这次确信这些原因的确和我的病存在一定的联系。我的想法也可能是错的，但我注意到，每次我丈夫生气的时候，我就感觉到疼痛，就必须睡觉。"

我确定地告诉她："你说得对，我正准备告诉你同样的原因。"

那位可怜的妇女说："好的，医生。那我怎样去应对呢？"

"当然，你必须坚持尽力帮助你的丈夫；另一方面，当他已经把事情弄得很糟糕的时候，最好让他独自待会儿。每次当他陷入混乱的时候，你知道他又会生气。此时，针对他生气，你应该做些什么，细细地思考。如果你总是翻来覆去地想他生气这件事，是毫无意义的。这就是你患肌纤维炎的原因。"

刚开始，她按照这简单的指示做起来比较困难。但是，在丈夫的帮助下练习多次后就变得越来越容易。最后，当那些以前她害怕面对的事情来临时，她已经足够娴熟，能顺利地克服恐惧，做出正确决定。这些事情也不再给她的身体带来困扰,她不再像以前那样受肌纤维炎的折磨了。

有些事情是我们决定不了的。在生活中我们往往会遇到一些麻烦(有时还比较难处理),这些麻烦并没有简单明了的解决方案。在处理各种各样的问题时最重要的是要告诉自己:除非真的没有别的解决办法,否则不能放弃思考解决它们的方案。

金夫人家有3个孩子和一个每天酗酒的丈夫,这样的生活持续了15年。金夫人试图让丈夫戒掉酗酒的恶习,因为这个恶习让家庭成员异常痛苦,生活也每况愈下。并且,她丈夫在戒酒上也收效甚微,甚至没有半点儿效果。出于某种原因,金夫人并不打算和他离婚。为此,她和孩子生活得越来越痛苦。

一天,金夫人做了一个重要决定。

她对自己说:"由于艾伯特不可能戒掉酗酒的恶习,尽管以后有可能做到,但我们也最好放弃让他戒酒的想法。从现在开始,我不再把精力放在艾伯特和他戒酒的事上。取而代之的是,我要把所有精力投入到我余下的生活中,照料好孩子们的生活。在现有的条件下,给他们带去尽可能多的快乐。"

根据现在的情形,她重新安排了自己的生活。

她承认她面临的问题不可能得到解决,对问题任何额外的担忧和思考都没有意义。

她对生活的重新调整创造了奇迹。她自己焕然一新，孩子们也从先前长久的失败中重新找回了自信和快乐。

十、把握现在

依上所说，把生活变得简单、养成摆脱糟糕情绪的习惯不需要也不应该是一件复杂的事。让生活变得简单的通用做法是：从现在开始尽量保持愉悦轻松的思想和心态。

我们生活的唯一时刻就是现在。这是我们拥有快乐的唯一时刻。有些人总是怀着对未来的期待在生活，总梦想着未来会给自己带来些什么，他们完全遗弃了唯一有价值的时刻——现在。

一个男生在高中的时候期望上大学，大学的时候想着自己将来从事工程类的工作可能带给他的快乐。当他做工程后，他梦想着与玛丽结婚组建家庭后的快乐。于是他就一直这样生活，永远生活在期待中。

他的生命中总会出现这样一个时刻：未来的期待不再美好。当他对自己的思想、价值观和感情进行重新定位的时候，这个时刻就到来了。此时的他已经饱经风霜，明显地变得苍老。也只有在这个时候，期望才会变成对过去荣耀岁月的追忆。

规划未来，但不要对它念念不忘。我们必须规划未来，这是自然而然的事情，但是我们不能把当下的时间都用来思考未来。除了一些对未来的必要规划，长时间的持续思考会让我们陷入恐惧、担忧和忧虑之中。

总是对未来自己的事务、宠物、健康、孩子，甚至那些我们死后的事情整日忧心忡忡是一件非常傻的事。由于我们对没有发生的事情有着强烈的好奇心，所以我们对未来的担忧会让自己感到不安。

处理好当下的事情是拥有一个满意未来的最好保证。从现在开始，经营好自己的人生：有效率地工作、思考，为别人带去帮助和快乐。是的，就从现在开始。如果你把当下的事情都做得很好，你的未来将和你现在一样美好。这是一个非常重要的方法。

十一、做事要有计划

每个人基本的心理需求是获得新的生活体验。没有新的体验,生活就会陷入永无止境的苦恼中。

期待一次新体验的来临是经验积累的助推剂。可以仅仅用一天,或者周日的半天来做点什么,或者仅仅给自己的帽子设计一个新颖的装饰。除非在一些特殊场合,通常你不需要做一个很详尽的计划。最重要的事情是体验那些你想做的事情。

计划和新体验对好心情的产生同样重要。前面我讲到了巴尼·奥尔兹,他就是一位做自己生活主人的很好例子。他是一个遭遇连续灾难后还能保持从容、决心、勇气和愉快的人。虽然最后他患了周期性疾病,每年都要卧床3个月,但他从没有为此抱怨过。

一次我问他:"巴尼,你这样卧病在床不觉得累吗?"

巴尼笑着对我说:"不累,我胃口很好,这是生活的一半;此外,我每天还抽一支雪茄,那是生活的另一半。"

尽管在病床上,巴尼比那些度假的人更会享受生活。他喜欢为去世界上遥远的地方旅游做计划,比如西藏、塔斯梅尼亚等地。他记下旅行社、船运公司的信息。他从图书馆借阅那些描述他想去地方的图书。每次结束阅读,他就好像到目的地旅游过一样。一个旅行社害怕丢掉巴尼先生的业务,派了一个代表来拜访他,旅行社因此得知了巴尼先生的真实情况。从此以后,那家旅行社开始帮助罗尼先生,每次都给他寄来飞往他想去地方的机票。巴尼也因此更加自得其乐。

十二、对烦恼说"不"

如果细想的话,很多时候在你内心深处都有烦恼和担忧。烦恼气突然来袭,在当前情况下是不能避免,当然也无需避免。

有些烦恼对人打击很大并使你陷入深渊。不管什么时候你面临这样的烦恼,请试着用你的食指和大拇指使用上文提到的"魔法圈",把这些烦恼从你面前撵走,并对自己说:"小事情,我是不会让自己受这些烦恼伤害的。"只需要少量地练习魔法圈,当潜在的烦恼到来的时候,你都能非常聪明和愉快地说"小菜一碟"。

学习是生活中重要的组成部分

如果你在生活中熟练应用以上12个准则,就会让你的情绪和心理成熟度都能得到一个很好的提升。生活会因为懂得了享受而洋溢着快乐。你将会发现自己获得了一些根本性的改变，工作效率也会提高。你将会有一种享受生活的美妙感觉，对朋友情不自禁地说："朋友们，我过得很好！"

人们一旦认为需要学习一样东西，他们就能学会这些新东西，这是人类最好的品质之一。以我的经验，我见过许多人，他们通过提升自己的能力，把自己从巨大的工作压力中解脱出来，消除了精神上的压力，培养了值得称赞的良好心态。如果这种疗法的希望和可能性不存在，那我很早就不会做这个研究而转行做其他工作了。超过半数的实践者都通过此疗法治愈了精神诱发症。

宗教信仰与情感、疾病的关系

不把宗教引入治疗的原因是没有人会轻视宗教。

的确，许多人可以利用宗教消除精神上的压力。因为宗教信仰可以填补他们精神需求的空白。有的人缺少内心深处的安全感，有些人的生活中缺乏影响力，有的人缺乏来自别人的些许尊重，有的人内心深处认为自己是一个没有用的人。

但是宗教本身并没有改变什么，没有增加或者减少每个人患情绪诱发症的概率。

神职人员和健康的宗教人士与非宗教人士患情绪性疾病的几率是一样的。

例如，一位杰出的部长由于自己不得不承受工作上带来的巨大压力，患上了让人讨厌的结肠病。另一位优秀的牧师，因为长时间为建一座新教堂艰难筹款，患上了头晕、体弱和头疼的毛病。当然，面临生活压力的人都可能有这些症状。但是，有时候宗教本身也会给人带来压力。比如一位激进改革派的牧师非常关心他所在小镇的各种集会，这些都给他带去了不少烦恼，由于身体长期消化不良，最终他患上了严重的胃溃疡。

经过医学论证，有宗教信仰的人和没有宗教信仰的人同样需要本文提到的建议。事实上，书中提到的建议可以更加完善宗教生活，因为文中提到的建议是一个成熟的人必须有的品质，也是最好的伦理老师想教给人们的思想。

本章小结

让生活变得丰富多彩的12条准则：

1. 让生活变得简单

2. 避免无谓的担忧

3. 学会喜欢工作

4. 培养有益身心的兴趣爱好

5. 学会满足

6. 喜欢他人，努力发掘他人的闪光点

7. 养成说愉快舒心话的习惯

8. 多思考怎样做才能活得更好

9. 遇事果断决定

10. 把握现在

11. 做事要有计划

12. 对烦恼说"不"

第十一章

打造温馨的家庭氛围,传递积极情绪

对于大多数人来说，受到的最重要的一种教育来自从小长大的家庭。因为我们花费大量时间在家庭上，而且家庭对我们的个性形成有决定性的影响力。家庭比其他任何因素都能更早地塑造我们的性格和处理生活事务的能力。

　　从那令人惊讶的影响效果来看，这已经超越了家庭责任范围。但更可悲的是，有数量繁多的家庭错失了这样的良机，没有尽到应尽的责任。

　　根据我的行医经验，目前，我们的家庭是迄今导致社会上流行的不良情绪的最大诱因。人们很多的情绪压力不仅来自童年时所在的家庭，也同样来自成人后自己组建的家庭。家庭——我们过去的家庭和我们现在的家庭——是目前诱发情绪性疾病的最常见的原因。

家庭因素中最令人担心的一点，是偏爱后代的父母以为沿着固有的线路就能教育好孩子。但是，在心理辅导的其他领域，不存在为完成这种改进而开展的有组织的课程。

首先，让我们了解产生幼稚和情绪压力的家庭气氛。

产生压力的家庭氛围

扫兴型的家庭氛围

一种常见的产生不良情绪的家庭气氛就是扼杀快乐的家庭氛围。在这样的家庭，对一切事物都是悲观、沮丧的态度。"哦，我们为什么要去野餐？可能会下雨；如果不下雨，蚂蚁就会爬满食物。"在这样的家庭中，喜悦在萌芽之前就被扼杀了，更别说开花了。

贝蒂就出生在这样的家庭，她家里的所有人都充满忧郁。像家里的其他人一样，贝蒂看起来既无光泽又无生气。她的家庭生活没有培养出任何让她在学校受欢迎的特质。贝蒂被所有的学生和老师忽略；这不是因为他们不喜欢她，而是她如此的不引人注意，以至于他们常常想不到她。她从来没有被其他孩子邀请到家里玩过，因为阴郁的气氛总是随着她的出现而出现。贝蒂的母亲就从来不邀请其他孩子到家里来玩。理所当然地，贝蒂也从自己母亲身上遗传了这样的个性和生活态度。

在贝蒂13岁时，她被确诊患有忧郁症。她担心她的忧郁情绪造成各种生理上的病症，于是她开始担心自己的健康，而对健康的担忧又成了她抑郁症的最大病因。她加入了人数众多的俱乐部——探讨人们每天出现什么病症的俱乐部。当她在清晨醒来，首先想到的是，"我今天生病了吗？"在她13岁之后的有生之年，贝蒂再也没有离开过药物。她对自己健康的过分担心也是因为她母亲的消极态度。在她40岁的时候，她已经做过4次手术，其中一次还是子宫切除术。

贝蒂的父亲也和她的母亲一样，是一个完全的悲观主义者，总是沉默寡言、一本正经。他的悲观情绪也是家庭原因造成的。这种家庭影响可能要追溯到石器时代。这个父亲就是山姆，你在前面内容中曾看到过的那个忧郁的国王。他的妻子曾经对我说，他可能在新婚第一年时说过快乐的事，但因为那是很久以前的事了，她已经不能确信自己是否曾经听到过。

挑剔型的家庭氛围

另一个孕育不良情绪的家庭氛围是挑剔的氛围。在这样的家庭中，每一个人就是负责对其他人吹毛求疵。这通常是由父亲开始的，但所有家庭成员很快就会参与进来。任何一个到访者都可以这样问："谁首先挑起事端的？"一场辩论赛就在这样的家庭中拉开了序幕。"我绝对没有发脾气。你们才是那个先发脾气的人。"事实上，家里每个人脾气都很差，所有人都发了火。

芭芭拉很不幸地出生在这样的家庭。当她长大后，她也理所当然地变成了这个家庭的一面镜子，并将挑剔的氛围带到了她就读的学校。在学校，她遇到了很多麻烦，因为她对老师和同学们吹毛求疵的态度。在家里，她常常能引发一场攻击战，家庭其他成员不得不临时组成统一战线对她给予回击。10岁时，芭芭拉患了情绪诱发病。

家庭冷战

有一些家庭中，吹毛求疵的气氛容易导致冷战而不是相互公开交流讨论，积极寻求解决方法。批评就像锋利的尖刀一样，常常剖开那裹住讽刺的华美外衣。

克利福德就是一个擅长此道的人。当他和他的妻子贝蒂招待客人的时候，克利福德当着所有在桥牌桌上的客人的面批评贝蒂说："最好不要让贝蒂记录得分，她只会将我们的计算搅得一团糟。"他以这样的话来暗示贝蒂在持家方面毫无建树。或者他会用谈话的口吻说:"在我们家,我们不知道会在何时、在何地吃饭直到罐头可以被打开。"

这样的话年复一年地重复着,总是给贝蒂带来很大的伤害。随着时间的推移,贝蒂患上了长期的、严重的情绪诱发病。对此有责任的克利福德不得不支付昂贵的医疗费。

家庭以外的批评影响

有时在一个正常的家庭中也会产生由一个奇怪的源头诱发的疾病。

简是一个好女孩,嫁给了乔治。乔治也是一个好男孩,他深深地爱着简,给予她充分的理解和无微不至的照顾,直到生完第一个孩子回家前,简的生活一直都很幸福。为了避免让简太操劳,乔治雇请了一位经验丰富的护士来照顾简和宝宝。他有时还会帮忙做做家务。

这个护士经验老到,知道简和医生所不知道的一切。基于此,当简想要对宝宝做什么时,她总是不留情面地直接批评简。她会批评一切,甚至包括儿科医生给婴儿的药方。她会说:"我不认为孩子会好起来。总觉得有什么地方不对劲;这不像是一个孩子该吃的药。"然后，不管儿科医生如何保证孩子一定会好起来，简都会开车带着婴儿离开。回到家后，这个苛刻的老女人又会说："嗯，你知道有时候这些医生不会告诉你一切。"

这种事层出不穷，简开始没有来由地感觉不好，起初乔治和医生也不知道是哪里出了问题。然后他们开始着手了解事情的起因。简是一个有能力的女孩，聪明并且机敏。宝宝是她一生中最重要的人，抚养好宝宝对富有聪明才智和创造性的母亲来说既是一个巨大的挑战，也是一个机遇。但苛刻的老护士的抱怨完全击溃了简对自己的信心，并让她陷入了时刻担心和焦虑的状态中。当医生和乔治发现简的问题所在后，立即采取了有效的补救措施。乔治迅速做出反应，解雇了老护士。简很快就好起来了。

解决问题的方法不总是那么简单。例如芭芭拉，她就不能解雇自己的父亲和母亲。

厌恶型的家庭氛围

另一个常见的导致不良情绪的家庭氛围就是厌恶的家庭氛围或缺乏关爱的氛围，这种氛围对任何好的事物的破坏都是致命的毒素，会损坏家庭原本的良好功能。

通常厌恶型气氛都源自这样一个基本事实：父亲和母亲都不喜欢对方，他们团结的唯一原因是"为了孩子"。在这种家庭气氛下，孩子们很快就学会不喜欢对方。爱或者不喜欢，都是父母给孩子做的榜样。父母对孩子没有真正的关爱，那么孩子对父母的回报就会更少。

在这类家庭中，谁都不需要谁。对家庭成员的任何其他人来说，没有谁是必不可少的。当一个人觉得他不被需要时，他就永远也不可能成长为完全成熟的个体。在这样家庭的人都不会认为自己有多么重要或者是多么不可替代。从来没有人相互给予赞赏。生活就像吃干一盘干巴巴、毫无味道的炒饭，索然无味。

艾伦是家里7个孩子中最小的一个。在她的家里没有人真正关心别人。作为最小的那一个，她是其他人撒气的对象。每一个家庭成员都只会批评艾伦，而她已经大到足够理解这些话。"哦，她是哑巴。""她将不能从学校毕业。"从来没有人帮过艾伦。

等到了上学的年龄时，她的自卑情结已经根深蒂固了。她总是生活在过去的阴影中，因为每个家庭成员都说她是愚蠢的。当艾伦度过了这样水深火热的童年长大成人后，她嫁给了一个与她童年经历相似的男孩并有了自己的孩子，她确信自己没有能力抚养小孩；不相信自己具有做好一个家庭主妇的能力，她一生都活在这样的忧虑中。

艾伦从小时候起就经常生病,到现在也还是一样。她的病因可不像简、乔治和苛刻的老护士那样容易根除。

自私自利型的家庭氛围

另一个滋生不良情绪的温床就是自私自利的家庭氛围。这种氛围与挑剔的氛围有点不同,虽然它也通常是由父亲开始的。

弗吉尼亚一个人就能将事情做得很好,但她嫁给了一个只顾自己的病态利己主义者——罗杰。这一点在罗杰身上并没有立即显现,因为他不喜欢谈论自己。但每一个人都认为他只对自己好。当然,当弗吉尼亚嫁给他时,她并不知道事情会变成这样。

罗杰表面上看来得体大方,但他只知道自己享乐,为了达到自己的目的利用弗吉尼亚。罗杰热衷于打猎和捕鱼;而他永远只会自己一个人做这些事——不会带着弗吉尼亚。除此之外,他还喜欢打牌和打保龄球,而且只会自己去玩。弗吉尼亚大部分时间都是自己一个人待在家里。家里也只放罗杰喜欢吃的少得可怜的几种食物。罗杰的工作占据了他的绝大部分时间,他似乎总在去工作的路上,而弗吉尼亚则独自在家中照顾4个孩子。在弗吉尼亚开始抱怨不舒服时,罗杰既没有同情,心也没有耐心。

现在,弗吉尼亚病情严重,她的健康很难再恢复到正常人的状态。罗杰没有看到他对弗吉尼亚健康造成的伤害，反而把弗吉尼亚当作他快乐的障碍。弗吉尼亚的孩子们也因为情绪失调而患上了功能性疾病。

抱怨型的家庭氛围

另一个不好的家庭气氛就是抱怨的气氛。没有比具有永久不变的抱怨气氛更悲惨的家庭了。最常见的发牢骚者是母亲，但我也见过有些家庭父亲老抱怨。

当一个家庭中有了一个抱怨不停的人时，其他任何人想要享受快乐是不可能的。这些人在早上醒来就开始分析自己的痛苦所在。通常很容易找到一两个疼痛的地方，尤其是在早餐之前。他们的抱怨就是你的早饭。如果愿意的话，我们每个人随时都能找到一两处难受的地方。当你坐下来的时候，如果问问自己"我哪里受伤了吗？"你就能找到一个疼的地方。这些抱怨者永远在寻找那些地方，使自己成天过度关注疼痛的地方。最可怜的是，他们还将自己的痛苦散播给家里的其他人。

100例中就会有99例抱怨者与其说是身体健康出现了问题，不如说是情绪诱发了疾病。但听他们阐述自己的健康理念，你会认为他们就是活动的病理博物馆。在家庭中他们成功制造出阴沉和焦虑的气氛，这些是不利于儿童成长的家庭氛围。忧郁、焦虑和怀疑是这样的家庭给予孩子的教育，给孩子的健康成长造成了巨大的伤害。

除了造成家庭不幸，这些抱怨者也是家庭银行账户的吞噬者。一个女人，在她悲惨的一生中，看过15个医生，信过4个不同的宗教，求过2个巫师和动过8次手术，住过3家疗养院，总共花费了32000美元。

恐惧和焦虑型的家庭氛围

我认识一个商人，他早上一起床就开始焦虑，然后整个白天就是从一个焦躁状态进入另一个焦躁状态，一直持续到晚上要上床睡觉的时候，这时却有更多的焦虑袭来，他根本无法入睡。

例如，每天早上，他对应该选择戴哪条领带犹豫不决，有时甚至还会为选择不出而发抖。他在早餐时担心自己在麦片中加入了过多的糖，并会马上怀疑自己是否患了糖尿病。开车去市中心工作时，他总会为选择走哪条路而进行激烈的思想斗争，决定了一条时又会觉得应该选择另外一条，害怕命运会令自己在选择的这条路上发生意外。到了他的商店，他一会儿担心玻璃橱窗会被打破，一会儿担心一个职员的口哨声影响了生意。

他的家人也有这种容易担忧的习惯——这种行为的感染性很强。他的妻子也染上了这种习惯；他的孩子们也已经在这种习惯中长大了。对他们来说，这是正常的、自然的生活方式。他们从未体验过除此之外的任何其他生活方式。

如果他们幸运的话，有一天他们可能会从这种习惯里解脱出来，充分意识到自己不快乐、官能失调，甚至可能已经患了情绪诱发病。

婆家掌权型的家庭氛围

另一种对家庭情绪非常有害的是婆家掌权型氛围。婆家掌权型关系对情绪的影响是很明显的，却不容易解除。

海伦是一名来自费城的年轻女士。她嫁给了一个年轻人，并且婚后来到他成长的小镇和他一起生活。这是一个只有250人的小村庄，全是他的亲戚，其中还有几个施妖术的。一些亲戚看到海伦定居在一个崭新的、现代的房子里，认为海伦占了他们的便宜，得到了他们梦想拥有却没有得到的房子。他们嫉妒她，不放过任何能找茬的机会，他们伤害海伦的方式简直让人匪夷所思。海伦生病了，不久之后就严重得无法工作。然后施妖术的亲戚就像秃鹫一样扑向了她，希望她永远昏睡。自此之后，除了回费城探亲一个月的那次，海伦从来没有感觉好过。几年之后，她被功能性疾病折磨得几乎丧失行动能力。她终于下定决心向法院提请离婚，离婚后一年内的时间她就做回了曾经的自己。从此，她一直很健康。

年轻人应该独自生活。除了少数例外，年轻人最好就是成年后搬到离长辈足够远的地方居住，从而摆脱长辈的控制，组建属于自己的家庭。如果住得太近，父母总是很容易就提出建议，甚至发号施令。如果自己没有请教，邻居们则不会做这样的事情，但父母却很容易在没有征询的情况下就自作主张。新婚夫妇和父母住在同一屋檐下的家庭里，婆婆总是充满善意，希望能够对媳妇有所帮助。起初媳妇也希望能与婆婆和平共处。她们似乎相处得很好，但是，由于婆婆在家中的领导和指挥地位，使得媳妇想要拥有独立性和创造性生活的希望受挫。长辈最好给孩子自由的生活空间，让孩子们独立生活。

家庭本不应该造成不良影响

当然，我们回顾的只是少数几个不良家庭气氛，抚育我们的家庭确实是滋生某些疾病的温床。在医生的办公室，很多家庭正在做一个无用的工作致使其成员产生不良情绪，这一点变得越来越明显。其他许多家庭都没有尽全力做到最好。

一个家庭可能会步入的误区是非常广泛的，对于出于善意的家庭主妇或聪明的新婚夫妇来说，这些误区令人非常泄气。

然而，请千万不要气馁。

如果你能情绪平稳地进入另外一个新家庭，你对家庭及其成员的影响将是积极向上的。这对每个人的成熟都很有帮助。你将拥有一个每个人都能很好地享受生活的健康家庭。

家是什么样的地方

罗伯特·佛罗斯特曾经说过："家是一个只要你想要回去，它就会让你进去的地方。"

我们可以将家定义为："一个好的家是这样一个地方，当你迫切需要一架梯子时，你一定会在家里找到一架。"一架梯子，你明白吗？不是刺激，不是唠叨，不是争论，不是苛刻的挑剔，更不是缺乏同情心，只是一架梯子。

作为一名家庭成员，你的首要任务就是让你的态度平和，让你的思想冷静，让你的心情愉悦——从此刻开始。

你的次要任务是帮助家里的其他成员也保持态度友好、思维冷静、身心愉悦——从此刻开始。

这里有一些有助于你的家庭处理日常生活事务的方法。

营造情绪平稳和成熟的家庭氛围

学会简单生活

随着人们生活水平的提高，越来越多的现代化设施令消费者眼花缭乱。美国现代化生活的趋势毫无疑问就是尽情享受——豪华住宅、名牌汽车、高清电视机、高性能相机、配套的厨房用具——在获取这些的过程中，我们给自己带来附加的无尽的沮丧和焦虑。向往、渴望，然后是分期付款，我们从来没有学习如何从简单中获取快乐，事实上，我们从未有机会学习如何得到单纯的愉悦。

想做到简单生活，首先要学会享受的艺术。尽量减少需求或家庭的消费欲望，否则只会产生新的分期付款。现在就开始享受你所拥有的吧：绿色的树木、蓝色的天空、快乐的口哨声、亲朋好友相互打打闹闹的美好时光。不要总是渴望那些还没有拥有的东西。

总之，要珍惜生活中出现的那些小小的快乐，不失时机地幽默一下，从此刻开始善待每一个人。

形成以家庭为事业的意识

只要孩子们能理解，就应该给他们灌输这样的观点：家是一个美妙的地方；每个人都有义务让家变成任何成员都觉得美好的地方；家是为了所有人的企业，是由家中的每个人来成就。这项家庭事业是每个人合作努力的结果，父亲、母亲、姐妹、兄弟，都要有积极的进取心和强烈的责任感。家庭事业是父亲、母亲以及子女最重要的责任和义务。

不要忘记，如果父亲、母亲能够做出良好的表率，那么孩子们将会继承优良传统并发扬光大，让家充满关怀和友爱。通常父亲就是一个寄宿在家的无聊成员，总是忙于业务和竞争，只有上帝知道他在哪里。如果父亲们能够适当示范何为楷模，孩子们将都会跟随。

家庭事业是大家持续不断地共同参与家庭活动，是大家一起来做的事，一起玩，一起围着火炉听故事，分组研究有趣的事物和地方；星期日的下午出外远足；每年都要有一次充满欢声笑语的家族旅行。这样，每个人（包括父亲）都致力于使别人得到更大的乐趣和享受。

家庭进步是人类进步的一部分

家庭生活的一个重要思想是家庭与周边的环境和社会保持协调一致。家庭成员除了对家庭进步有责任外,对人类的进步也有着同样的责任。这是由幼稚走向成熟的一个必经阶段。这代表了成熟的一方面,这种责任感能把自我意识从纯粹的自私转变为更多地为他人考虑。永远不要将自己埋在因为生活中的小挫折而情绪变坏的坑中。如果孩子们能认识到对任何人来说最重要的事情是能为他人带来幸福和快乐,同时他们也将产生高度的自我满足。他们会发现生活中充满了无与伦比的快乐。

此外,家庭中有人类进步的思想将使家族成员变得仁慈、富有同情心和善解人意。如果没有这些,你也将生活得不开心。

家庭事业存在于拓展视野、了解和帮助世界各地的很多的项目中:聚会,能"了解你的邻居";野餐,能让家庭逃离工业厂房;到广阔的野外远足;到世界各地进行家族旅行;收养战争孤儿以及其他家庭能做的事情。开始着手进行这些活动的时候,一定要标注为了"人类进步"。我们可以"家族进步"的名义进行一类活动而以"人类进步"的名义进行另一类活动,这些活动的教育宗旨就是帮助孩子成熟起来。教育孩子的同时也能反过来教育父母。

转败为胜的家庭态度

无论发生什么，当事件发生时，家人往往感到失望和受挫，但家人应有的态度是："我们不会让自己被击垮；我们要尽最大的努力去改变，努力就一定会有回报！"你会发现情况没有那么糟，困难也变得微不足道了。当家庭发挥了其主要作用时，这些麻烦事也就无法影响家庭的情绪了。

要让孩子学会笑对人生，首先该教会他们的是懂得灵活变通和适应变化。

有一家人刚准备好要去帕弗里峡谷野餐时，突然下起倾盆大雨来了。那怎么办呢？耶！好啊！他们在起居室里玩起了游戏，然后在客厅的地板上野餐，这带给了他们同样多的乐趣。

用这样的方式处理小烦恼使得面对更严峻的考验时能轻松一些。有一位母亲生病住院了。家里每个人都努力照料母亲，不仅帮忙做家务，而且保持积极的心态，给母亲精神支持。这个时候更重要的是每个成员决不能垂头丧气，都要精神抖擞。

反败为胜的诀窍可以蕴藏在有趣的游戏中，让每个人都想想能够摆脱心烦意乱的方法，从中选出最佳方案，然后大家共同执行。

没有关爱的家庭就是一个失败的家庭

如果父母相亲相爱，那么这个家庭到处充满关怀友爱，家庭氛围也会很温馨。关爱必须包括每个人，都是平等的，不能区别对待。每个人都觉得自己是必要的和不可或缺的家庭一员。如果父母之间永远没有憎恶，或是把憎恶情绪消灭于萌芽状态，那么孩子们永远不会相互厌憎。如果家中的长辈喜欢吵架、争执和打口头仗，孩子们肯定也会变得好斗和令人厌恶。等到他们结婚后就会开始另一轮愚蠢的分歧和争吵。

因为愚蠢的争吵而彼此伤害，失去相互之间的爱和关怀，最终在结婚第一年就结束婚姻的例子比比皆是。医生们都已经对此感到见怪不怪了。争吵这种行为是完全幼稚和不必要的。任何婚姻成功的关键都是你们应该足够成熟到能克服所有遇到的问题。带着10分的好意、5分的同情心和15分的同理心，那么情感自然会随着时间的增长变得越来越深厚。

如果父母有爱，那么不与其他人争吵就会成为家中一条不成文的规定。如果长辈们能做出榜样，这条规则就不难维持。

保持快乐的家庭总基调

当家庭中有人因外在因素遇到困难，需要家庭伸出援手时，每个人都应该努力帮助他。家就是当你需要一个起重机时，你一定能在这里找到的地方。

再强调一次榜样的力量。如果父母从不对对方发脾气，或能让孩子们亲身感受一下身为父母的痛苦，那就意味着，家中不会有人用这样的方式对待别人。

管教合理、坚定，方法得当

在不幸家庭中的父母可能会不相信，但在快乐的家庭中的确并不存在惩罚这一说。调皮捣蛋的孩子本身就会不快乐。如果孩子们身处一个快乐的、愉快的家庭气氛中，三分之二需要惩罚的问题都会消失。

儿童必须学习做人的基本道理，如尊重他人权利和个性。应该教育他们要尊敬长辈；不要藐视他人，过遵纪守法的生活。那么诚实和正直是绝对的必要品质。

当然，有时惩罚是必要的。惩罚必须建立在合乎情理的基础之上，我们之所以执行它，是因为能确实起到好的作用，而我们不这样做则是因为它对我们以及我们身边的人毫无益处。教导孩子时要平心静气，注意方法，而不要带着怒气。应该给予错误行为一个解释的机会，然后才能毫不犹疑地采取相对应的惩罚。同样的错误犯两次，惩罚就很必要了。

当然，若必须加以管教时就不能有任何动摇或退缩。不过要记住：孩子犯了错，完全没必要接二连三地惩罚。

让家庭成员树立自信心

重要的是，家庭应该给孩子自信的感觉——不仅仅是经济上的自信，即使经济状况不好，也要有信心，对自己为家庭的幸福快乐能够承担同样的责任有信心。无论多么笨拙和害羞，没有孩子应该觉得他对家庭不再是有用的和重要的。

这样，孩子们的基本心理需求就能得到满足，在向着成熟前进的道路上迈出了重要一步。

及时共同分享家庭乐趣

在家庭生活中，不可或缺的意识是家庭生活就应该每时每刻分享彼此的快乐。它意味着让每个家庭成员都感到高兴。当父亲在客厅中遇见儿子时，当女儿进厨房帮助母亲时，说上几句俏皮的话语，或分享一下自己的好心情。所谓家庭同乐，其实就是几句高兴的话语、一点乐趣和幸福的笑容——从此刻开始。

当然，我想要跟你说的就是"我们在等什么呢？——为什么要等——就是此刻——立即马上——从此刻开始关爱身边的每个人吧——促进家族共同进步——时间已经来到——你还要等待吗？"规划未来无可厚非，但不要为了不可知的未来而放走今天。

如何判定你的家庭类型呢？

现在停下来问问自己："我的家庭是属于什么类型的？"它是一个生产不良情绪、功能性疾病和不愉快氛围的工厂吗？如果是这样，要勇于承认和面对。

然后采取下一步：树立榜样。

接下来的一个步骤是：和妻子或丈夫以及足够大的孩子一起开一个家庭会议，讨论这个问题，为拥有这样的家庭制订计划：你累了，家是给你休息的港湾；你失意了，家会给你慰藉和温暖；一旦有需要，你总能在家里得到鼓励和帮助。

本章小结

家庭是幸福生活的中心，可以促进家庭成员的成熟和情绪稳定，但首先你需要做到以下几点：

1. 学会简单生活。
2. 形成以家庭为事业的意识。
3. 家庭进步是人类进步的一部分。
4. 转败为胜的家庭态度。
5. 没有关爱的家庭就是一个失败的家庭。
6. 保持快乐的家庭总基调。
7. 管教合理、坚定，方法得当。
8. 让家庭成员树立自信心。
9. 及时共同分享家庭乐趣。

第十二章

和谐的"性"福生活,身心更健康

生活中有一点非常重要，而教育不但没有把它涵盖进去，甚至还产生了负面的影响。说到这里，你们应该能够猜到我所说的是什么，对，就是性的问题。

在所有的人类活动中，许多人在性生活中显示出的不成熟最为严重。医生们经常会发现，很多人的情绪紧张都和他们在性问题上的不成熟有着密切的关系。许多人的性生活一团糟，或者性将他们的生活搅得一团糟。

在任何一个方面变得成熟起来都是一个学习的过程。如果一个人从没受过性教育，那我们怎么可以去指责他不成熟呢？我们会去指责性混乱、性压力以及性行为不轨，除了社会和有义务提供教育的机构，像家庭、学校和教堂，对性混乱和性压力的指责还应该由谁来一起承担呢？

生理本能与文明进步

性本能相对于人类其他本能来说弱多了。人类对食物的需求要比性需求强烈得多，对安全感的需求也是如此。即使性需求得不到满足，一个人依旧可以活很长时间，甚至整个一生得不到性满足都没有关系，但是，一旦没有吃的或者完全缺乏安全感，人就会很快死掉。

人类的共同努力，也就是我们所称的"文明"，主要是指让人们生活过得温饱，保障人身安全，而不是满足人们的性需求，这一点清楚地表明性对人类来说并不是最重要的。

但是，大家饮食可以不规律，性混乱却是灾难性的。如果几千年前社会就允许人们性混乱，那么，社会早就毁灭了，也就不存在我们现在所谓的文明社会了。性混乱会给社会和经济造成灾难性的后果。

必须对性加以限制。要去束缚性本能这一根本天性，同时又不让人觉得苦恼，唯一的方法便是开展良性的性教育，教人们如何在社会限制的范围内处理好这种天性。但是，在一种正确、恰当的教育方式还没有出现之前，这种本能一定要加以限制。

当在性问题上遇到烦恼时，你应该怎么办呢？这时就像是向一个装满酒的酒瓶中塞瓶塞，要么瓶塞蹦出，要么酒瓶裂开，所以，你一定要小心谨慎。

对于性这个让人头痛的问题，你了解得越多，就越会对人类一直能和睦相处感到不可思议，也就越来越相信人类真的很了不起，应付了那么多棘手的问题，一步步艰辛地跋涉几千年走到了今天，并创造出灿烂辉煌的文明。

性冲动不是人类性格形成的主要原因

西格蒙德·弗洛伊德和一些精神分析学家都认为性是人类性格形成的主要原因。的确，由于以上所提到的原因，性给人们带来了极多的麻烦，但并不能说性就是这些问题的最主要原因。性根本不是性格形成的主要动因。正如人类别的生理需求一样，性就像是不停流淌在人类身体中的一股细泉，它一直活跃着的原因有：

1. 每个人生来就有性冲动；

2. 我们的社会迫使人们压抑性冲动，让它依旧可以达到繁衍后代的目的却不会对人们产生不良影响，以致危害到社会和经济结构；

3. 尽管社会强制人们压抑性冲动，但却没有任何一个机构教育人们如何控制性冲动，同时不让自己受到伤害；

4. 社会中有许多经销商蓄意煽动人们的性冲动，因为这样他们可以从中赚取利润。

很多商业机构利用了那个酒瓶里的泡沫，他们摇着酒瓶让泡沫越泛越多。从古至今，这种情况在近几年显得极其严重，这也是导致许多婚姻出现问题甚至破裂的主要原因之一。

商业广告、报纸、杂志、电影和电视经销商也发现了"半裸女人"的魅力，因为她可以引起男人的思慕，可以促使没有受过性教育的公众去消费，可以去打开人们的腰包。但是，这也不是对所有人都有用，那些由于没有控制自己的性冲动，已经患上情绪性疾病或触犯法律的人就不买账。

对于一些试图抑制自己的性冲动,却一直控制不住的青少年或不成熟的成年人来说,他们打开任何杂志——即使是一本高质量的周刊——也会发现每页都有撩拨人的"半裸女人"。他们一直努力克制的性冲动立刻就受到刺激,想象力也丰富起来,接着一串激动紧张的情绪也就产生了。如果他们在这一刻控制住自己,还是相当幸运的。但是如果没有控制住,那么,他们就要陷入麻烦中了。

"老于世故"——性心理不成熟的表现

现在很流行"老于世故"——无视性禁忌,否则就是跟不上潮流。当然,世故有不同种程度,刚开始的时候,仅仅限于在开放混杂的场合讲一些性故事(很显然,尖叫声越高,讲的越露骨的人就越世故),慢慢地,讲述性故事发展到发生不道德的性关系。但是,往往这种性关系会让他们生活变得糟糕,甚至促使他们犯法。

"老于世故"的哲学内涵就是性成熟——我们曾在前面内容中给成熟下过一个定义,即成熟是一种能力,一种人们在处理生活中的问题时将麻烦减至最低,将快乐增至最高的能力。

"老于世故"又分为两种不同的观念。有些人只同意其中一种观点,有些人则觉得两方面都有道理。

第一种观点是把性当作人类的一大不幸,不足挂齿且污秽不堪，婚后的性行为也是勉强而为。无疑，这种想法是片面的。

第二种观点认为应该及时享受性，性不应该受任何约束，而且是浪漫爱情中重要的组成部分。

后一种想法大错特错。不论看起来多漂亮的苹果，一旦从树上摘下来就不再那么好看了，无一例外。更糟糕的是那个苹果里面还有一条虫，让你更感失望。等到那个摘苹果的混蛋意识到远离麻烦比摆脱麻烦容易多了的时候，已经太迟了。

性混乱难以被掩饰

奥文是一个相当稳重、敏锐狡猾的商人。有一天他来到我的办公室，很显然是有事情要咨询的样子。他说很想回到他以前的样子，并发誓说没有什么事情困扰他，让他焦虑。但是，他的麻烦却好像越来越棘手，越来越无法摆脱。这种焦虑不安的状态对他来说是很反常的。我告诉他，表现得好像什么烦恼都没有其实骗不了任何人，并开玩笑地说他正在进行一段浪漫的婚外恋。这正点破了他的心事，于是他向我讲述了一段浪漫热烈的爱情。其实，性混乱引发的焦虑情绪难以被掩饰，处理得不好，会引发恶果。

远离麻烦比摆脱麻烦容易得多

说了这么多,关键的一点在于:明明知道这样做可能会导致严重后果,或者至少也会引起严重的情绪性疾病,那么,为什么还要往这条路上走呢?

在有些社区中,人们普遍接受了性开放的观点,所以,不会导致严重的诸如自杀等问题。但是,从这些社区的病人和我的私人谈话中可以看出,功能型疾病在这些地方的发病率依旧特别高。

其他类型的不成熟性观念

我首先谈到的是"老于世故",这是因为太多的人错误地把它当作一种成熟的性观念。但是,除了"老于世故",还有以其他形式存在的不成熟性观念,它们同样会引起很多的情绪性疾病。

一年中会有很多患情绪性疾病的患者来看医生,因为他们已经把不成熟的性观念带进了婚姻生活中。此外,对于年轻人或未婚人群而言,不成熟的性观念也是造成他们情绪紧张的一大重要原因。

婚前的性问题

正如对食物的需求一样，青少年逐渐开始对性产生好奇是很自然的。但是，长辈们则觉得这种好奇很不正常，会诱导子女朝坏的方面发展，因此将这本来正常简单的事情变得复杂且不正常。于是，子女对性的好奇心被强行抑制住了。

接着，又出现了一件让人无法忍受的事情。由于经济现状，社会又开始强行实施晚婚政策，人们出现性需求后得等10到15年才能得到合法的满足。

如果社会对此事稍作规划，或者教育方式得以进一步改善，事情就会很好办。现在的普遍情况是，年轻人能得到的关于性的建议实在太少，即使有也常常是误人子弟。

青少年的性需求会导致他们向两个方向发展。第一种情况是，他们会很幸运，能碰到一个可以给他们良性指导的人，引导他们向正确的方向前进，不会遭受很多麻烦。另一种情况则正好相反，他们可能越过道德的界限去尝试性。过分的行为可能最终导致暴行或谋杀。如果他们的行为只是稍稍越界，那么，他们就会陷进我之前提到过的几种麻烦中。

婚姻生活中的不成熟性观念

现代的婚姻中经常出现性问题。性方面的不和谐极易导致夫妻之间情绪紧张，并且极易让婚姻产生裂缝，最终导致离婚。起因不过是一方或双方在性观念上的不成熟而已。当然，婚姻中的性问题多种多样，在此只能列举最常见的几种。

性问题通常在蜜月期就开始出现了，而且对于新婚者来说，蜜月是他们对婚姻生活的美好梦想的终结。最常见的一种情况是，蜜月期间，男女双方发现蜜月并不像想象中的那样美好，然后开始互相抱怨。如果双方能够超越婚后第一年里介乎成功和失败之间的经验，那么，30年后他们会发现那些经验像雨后彩虹，那种瑰丽的色彩是蜜月时期所无法领略的。

刚刚结婚时，很多小伙子都怀有美妙的幻想，想象两人世界的浪漫，想象拥有成熟的性技巧。当这样的你碰到满怀畏惧、不安又缺乏性知识的妻子时，那么，你就会噩梦不断。但是如果夫妻双方都比较成熟，满怀着同情、理解、互助和祝福共同生活，那么，婚姻生活会维系得很好，婚姻的汽车也不会在行驶的过程中倾覆。然而，许多夫妻不仅性方面不成熟，在别的方面也不够成熟，以至不能弥补性生活的不满，那么，蜜月时幻想的破灭就会一步步导致婚姻的最终瓦解。

当不成熟的性观念给夫妻任何一方或双方带来了情绪性疾病时，医生大都会发现妻子性冷淡。我发现我所遇到的已婚女人中，超过40%的女人都不能从婚姻生活中得到任何性方面的愉悦，也不能给她们的丈夫带来性享受。妻子们快乐吗？不，她们不快乐，甚至活得很糟糕。丈夫们快乐吗？不，他们也不快乐，日子过得同样糟糕。

妻子的性冷淡绝大多数是丈夫造成的

妻子出现性冷淡，很多时候错误并不在妻子自己，而是源自丈夫自私的心理和笨拙的性技巧。这不仅仅出现在蜜月期间，蜜月之后，情况也一直没有任何改观。

许多女人这样说："他只顾着自己，从来不顾及我的感受，完事后冷冷地丢我在一边。如今性生活只会让我紧张，想到就讨厌极了。"

你会发现这类丈夫在性以外的其他事情上同样是个幼稚的孩子。

他们的心理年龄大约只有8岁，但是生理上已变得成熟起来。因为丈夫如此笨拙无能又幼稚不成熟，很多本来聪慧成熟的妻子开始变得不快乐，甚至患上慢性疾病，即使她们试图冷静地对待也无济于事，因为整件事情应付起来实在太难了。

教育不当导致的性冷淡

对于小部分女人来说,性冷淡是因为小时候的性教育太缺乏。比如在第七章中曾提及的一个例子,露西是个很漂亮的女孩,家住在一个粗俗而不开化的小镇上。因为邻居的影响很坏,露西的母亲严格控制着年幼的露西,不让她和性以及与性有关的事情有任何沾染,让她对性产生了抵触心理。这样,最后露西认定性会毁掉一个女人,比死亡还要可怕。露西从来不知道她为什么要结婚,也不知道她如何就结婚了。对她来说,婚姻极其可恶肮脏。生下两个孩子以后,露西已经极端痛苦。但是,她又怀孕了,这对她本来就不健康的性生活来说更是雪上加霜。她患上了顽固的结肠炎,住院出院折腾了好多年。

妻子的性冷淡会导致婚姻中另外一个严重的问题——丈夫的外遇。一位英国伯爵曾说过,他更希望从热情贴心的情人那里获得浪漫温柔的回报,而不是受着伯爵夫人性冷淡的折磨。伯爵也好,普通人也罢,每个男人的本性都是一样的。

夫妻双方性趣不尽相同

婚姻难题的另一个常见原因是,夫妻双方没有意识到男人和女人的性偏好常常存在着差异。通常说来,男人的性冲动比女人的性冲动来得更为强烈。除非夫妻双方意识到这种差异,并且试图互相谦让地面对这种差异,否则必然导致婚姻中的摩擦、抱怨和不愉快。如果双方都成熟一点，能够理解彼此的需要和渴求，那么，就可以避免这种情形。

婚姻中两人的复杂关系必然会导致各种困难发生。我们不去一一列举分析，但是可以说，所有的矛盾无一例外都是源自性格的不成熟，且通过性格的逐渐成熟都可以一一得到解决。

性成熟

当一个人认识到性本身并无好坏之分，正确对待性会大大丰富我们的生活，可以让我们生活得更加愉悦时，那么，这就是成熟的性态度了。其中，"正确对待"是关键。

首先，"正确对待"意味着承担性行为所带来的责任，认识到目前存在的对于性行为的约束不但是必须的，也有助于社会的文明构建和发展。很显然，若想远离麻烦，性行为就要控制在法律所允许的范围内。尽可能减少麻烦也是成熟的一个重要方面。

其次，"正确对待"意味着在性生活方面，只和法定性伴侣发生性行为，并让双方都对性生活感到满意，让彼此心情愉悦。这是成熟的另一重要方面，即让自己能够以最愉悦的心态生活。

掌控婚前性行为

就青少年性教育而言，并不存在某个优秀的甚至完善的解决方案。我们最多也只能通过调动青少年的自身因素来帮助他们解决问题。

我们能为他们做的第一件事就是坦白。对年轻人说他们没有问题，或者暗示他们即使有问题，也是他们自己的事，这样是不行的。最好的方法是把一切都摆到台面上来讲，然后，承认他们的长辈们其实也有相同的问题。对年轻人而言，这些问题在结婚前根本不可能有完全让人满意的答案。然后，我们应该尝试让他们明白，只有在双方结婚前培养了各种成熟品质的情况下，婚姻才能有一个完美的结局。

第二件事是提醒年轻人在性冲动情况下转移注意力，参与各种感兴趣的活动。

控制冲动的方法多种多样。这些冲动其实可以转化成动力，帮助年轻人学会某项运动或精通某项技艺，使他们有能力去为集体事业做出贡献。这些追求不仅能让年轻人明白他们并非性动物，也有助于培养将来需要的各种成熟品质。

心智的成熟以及思考的能力都是迈向性成熟的表现。给青少年以归属感的家庭,让青少年作为人类一分子而拥有集体归属感的教育,以及拥有能够正确思考的头脑——都可以帮助青少年把性冲动升华到第二阶段——兴趣的升华以及新兴趣的开发。促使这种升华以及各种性冲动产生的主要机构,就是家庭、学校、教堂以及青少年中心。

青少年中心的重要性往往会被我们的社会忽视,而且青少年中心建立时根本就处于无足轻重的地位。除了家庭之外,有责任帮助青少年培养业余爱好的重要机构就是青少年中心。任何一个真心实意关注青少年利益的社会,宁可没有林荫大道或者城市供水系统,也不能没有青少年中心。

青少年中心在性质上是只能是由市政当局提供的必要公众设施。

我们能帮助青少年的第三件事就是,让成人世界关于性的内容尽可能少地流传到青少年中去。不再对性遮遮掩掩值得鼓励,但家长、老师、心理学家、精神病学家们仍应耐心向青少年指出,他们应该学着为自己的性行为负责。

人们遗憾地发现,有的高中学生怀孕了,有的患上情绪性疾病。我们很容易就能分析出原因是什么。如果年轻人过多接触父母的性杂志、黄色电影和黄色笑话,就会受到很大影响,他们也就会很自然地寻求发泄途径。

大体上来说，社会没有给青少年提供适当的性教育，却要求他们在性方面表现成熟。当今社会的高离婚率和婚姻窘境让我们看到，代价是巨大的。因为个别人干的蠢事，却让所有的人都付出了代价。

婚姻中成熟的性观念

婚前性生活很糟糕的人是很不幸的，结婚后，不健康的性生活同样会给夫妻带来很多负面情绪。

在婚姻中，就像在青春期一样，全面的成熟是性成熟的最好保证。感同身受、彼此理解、合作意愿，都标志着人的全面成熟。如果你想要你的婚后性生活不演变成问题的来源，引起夫妻冲突的话，以上几点是十分关键的。同情、理解和友善这一黄金原则，是婚后性生活的基石，也同样是完善的社会道德体系的基石。

新婚之初，大多数夫妻都是相爱的。爱情十分重要，但除非夫妻双方能用同情、理解和友善这些黄金品质来充实爱情，否则爱情很快就会淡化，生活会充满口角、失意和痛苦。

性必须让双方愉悦

婚姻中的性生活应该是双方真心投入的、共同努力去达到的美好状态。在这其中，夫妻都不应牺牲另一方来获取自己的快乐，而且每个人都要更热衷于带给对方最大的快乐。

他们体会到，彼此快乐是比性更重要的事。婚姻中，性是一个非常重要的因素，但是除了性，婚姻还包含许多别的方面。

夫妻应该把双方的愉悦当成共同的目标。这里没有任何规则可循，但始终要记住的一点就是：不管做什么，都应该以对双方有益、取悦双方和共同享受为前提。

当夫妻双方都足够成熟，那么，他们的性生活应该包含彼此喜欢、相互回应、给予和付出。诱惑、惊喜和悬念，这些都应该由双方共同努力来实现，不断地转变主动与被动的角色。

对于这样的夫妻来说，因为时刻想着要让对方快乐，他们的生活充满快乐、和睦、温馨。这样，几年或十几年的婚姻生活之后，他们就完全地合为一体了。

每一次分享快乐，就能增进曾经一连串分享带来的愉悦，而且这种分享是有无限潜力的。生理上和心理上的快乐彼此回应，相互加强。这样的夫妻会越来越离不开对方。若没有这样和谐的性关系，一段婚姻就不可能幸福。

自我为中心和自私的幼稚心理通常最容易让婚姻变得一团糟。唯一能够拥有真爱的人，是愿意牺牲自己的切身利益，并把别人的幸福和利益摆在首位的人。当夫妻双方都能做到这一点，他们将没有家庭纷争或性生活问题。

假设夫妻双方都愿意为对方的快乐着想，那么，这样的家庭必然培养出成功的婚姻。家庭中夫妻之间要培养的另一种品质，也是孩子和父母之间应有的品质——今天，此刻，我们要欢欣鼓舞，共同享受人生。不再争吵打架，因为这样的生活没有任何意义。无论在何种情况下，都毫无理由这样做。

"发脾气"的"价值"

某个学派的精神病学家认为，"发脾气"是发泄坏情绪的一种好办法。提倡这种观点的人都是些不能控制自己脾气的精神病学家。其实根本没道理。发脾气没有任何好处。一个人如果经常发脾气，就会养成随时发脾气的习惯。如果丈夫和妻子都随便发脾气，那么迟早会产生极大的破坏，例如会破坏耐心、爱情和彼此迁就的默契，也会导致孩子乱发脾气。只有幼稚的成年人才会觉得发脾气很必要。

婚姻应该且能够建立在这样的基本理念上："我们共同生活在一起，能使彼此的生活更快乐；我们任何一个人都没有权利使对方痛苦，片刻也不可以。"如果丈夫和妻子彼此之间保有一点同情、理解和善意，那么，这就会变成很简单、实用，也能让大家都满意的一条定律。

在这样的氛围下，婚姻中的性生活会变成一种美好的体验，越来越使双方不可分离。他们的性关系是彼此配合、和谐、互相理解的，生活的其他方面也一样。

新婚夫妇应该学些关于性的解剖学和生理学。无知是发掘人类无限潜能的唯一阻碍。当我见到年轻夫妻因为性生活很糟糕而婚姻出现裂痕时，我担心他们婚姻的其他方面也暗藏着许多问题。有时候，婚姻中性关系最先变糟糕，有时候，是因为生活的其他方面变糟糕才导致性关系的恶化。

当婚姻变糟糕的时候，夫妻首先要做的事情是双方都努力以积极、愉快的态度来对待彼此。

本章小结

每个人都有性问题，要控制自己的性冲动，不要越过社会规范。

社会强加给人们许多限制和规范，但却没有教人们如何调整自己的心态。

要在性方面成熟起来，让自己心态平和，有三条原则：

1.如果你还处于青春期，在你的性生活中谨记责任，充分认识到自己行为的可能后果，努力把自己的能量引导到各种各样有趣的活动中去。

2.如果你是个成年人，和自己的伴侣生活在一起，那么要知道，性成熟取决于不断发展全面成熟的品质，尤其是同情心、理解、无私、配合精神和彼此爱护。

3. 我们大家都应记住的重要一条是：远离麻烦总比摆脱麻烦要容易得多。

第十三章

化解工作中的负面情绪

当今社会给人类带来的物质财富如此之多，是过去任何文明社会无法比拟的。当然，人类也因此受益良多。

　　但是，社会的生产方式也同时给人们带来了许多负面情绪。可想而知，当今社会的生产方式是许多人患上情绪性疾病的主要原因。

　　当工业体系在英国形成之初，血汗工厂里的工人在该体制下备受剥削，最受负面情绪的困扰。然而，今天，不仅仅是普通工人和基层的工薪阶级深受其害，最大受害者当属指挥管理产业的高层或接近高层的管理者。

　　从前的商人和手工业者，从没有像现在的公司主管、副主席、行销经理、行销人员和流水线工人那样，备受商业社会造成的各种情绪压力的困扰。竞争日益激烈的商业环境、想升职发财的愿望、流水线的单调工作，一方面推动商业社会的发展,另一方面又给人们造成巨大的情绪压力,带来各种情绪性疾病。

经理们承受的压力

沃纳在一家公司销售部门工作,工作艰难小心翼翼。这是家老公司,虽然有几样颇具知名度的产品在全国范围内宣传销售,却算不上什么大公司。后来,公司推出的一个新产品轰动了全国,销售额超过了所有人甚至公司头头们的预期。有了第一回,公司董事自然就竭力想开发新产品,想要制造第二回、第三回超高业绩。

沃纳日以继夜地在公司加班,薪水不高,平日从不为自己或是家人找点乐子,终于在销售部门混了个不错的职位。于是,他就被指派负责新产品的推广,董事会希望新产品的业绩可以超过第一个成功产品。多好的机会啊!沃纳想。确实,这的确会带来很多机会,包括患上各种疾病的机会。不久后,董事会召见了沃纳,当面拿出一个对比性图表,指责他比起其他更成功的部门是如何的逊色。董事们还责问销售量为何低于预期,并要求他在预期时间内提交一份进度报告。

随着来自董事会的压力越来越大,沃纳的身体不断感受到新的压力。一次董事会议结束后,他去做了次全身检查,从肺、心脏到胃、胆囊,一次查了个彻底。

他就像一个乐器,董事会的拨弄弹奏,使他不断发出沮丧之音。随着董事会的不断施压,他几乎可以说是成了一部充满哀怨之声的交响乐了,中间夹杂了彻底的消化不良之音,主题音律则是晚期胃溃疡的靡靡之音。

我第一次见到他是在火车上。这个可怜的人告诉我他的症

状,末尾说道:"医生似乎都不明白是怎么回事。"这最后一句话往往表示病人自己不明白是怎么回事。

沃纳工作压力极大,还严重消化不良,但仍得竭尽全力把新产品推销给不情愿的消费者。事实上,董事会指派给他推销的产品已经落后20年了。它微弱的生命正经历缓慢而昂贵的死亡过程。在这个过程中,沃纳在公司的地位下降。整个事件对沃纳的影响就好比是董事会直接把肺结核病菌注射到沃纳身上那样。尽管这样,董事们还觉得已经够仁慈的了,而沃纳自己也觉得他们只是在商言商,做好本职而已。

现在,以最成功的一位董事为例——事实上,他同时是22个董事会的成员——在这方面已是个老手了。他努力工作,这闯闯,那试试,最终有了不错的成就。但成功后意味着要坚持,坚持意味着要与一大批紧跟其后、摇旗呐喊的进取青年竞争,不得不拼一拼老命。同时还要积极奋斗,渡过公司重组的危机。在无数失眠的夜里,苦于不能入睡而去散步;好不容易坐上飞机,本可以闭目养神,休息一下,却担心董事选举的事,紧张兮兮地到处联系人,确定选票;最后疲劳导致胃溃疡出血时,他仍拼命想坚持,终于支撑不住昏了过去。的确,他取得了巨大成功——渡过了重组的危机——手握巨额股票——不愧是个真正的金融家。但是,他也因此变得神经质,整日焦躁不安——他不仅给自己创造了巨额财富,也给医生们带来大笔收入。

中层管理者们承受的压力

现在,我们再来看看中层管理者的状况。

信息社会中,连锁店经理人的竞争压力是其他任何管理职位都无法比拟的。我就认识很多这样的经理——人很不错,个个都很聪明、坦诚,工作也很拼命。从职员升到经理,他们经历了严格的筛选过程。但是,我注意到,他们每个人,虽然身居要职,却都患有这样那样的功能性疾病。

比尔是我认识的人中爬得最高的,他如今已是10个行销区的总经理。在他还是我们小镇连锁店经理时,我们总共给他做了4次从头到脚的X光检查,那时他已经是大病小病不断了,例如腹痛病、酸胃病、便秘症状和频繁的呕吐症,每次检查是为了确定病情不恶化。每次升职,在他调到外地前,我们就给他做更进一步的X光检查。最后一次见到他是在芝加哥,坐在他那豪华的办公室里,我发现他仍有呕吐症状,而且一直在大量服用抗酸性药剂。从他脸上时不时的抽搐表情中,我可以看出,他仍饱受腹痛病的折磨。

另一个人是我认识的乔。乔是黄铜铸造车间的优秀技工,因出色表现而做了27个人的管理者。此后，他就一直头痛、颈椎痛和胸口痛。他的上司想要业绩，而他的下属又想忙里偷闲。他夹在中间，两头难做，里外不是人。

工人们承受的压力

下面来看看流水生产线上的工人的状况。亨利因向往工厂的工作而离开了农场。在那里，仅仅是在流水线上把火花塞放到发动机的工作都让他陶醉不已。后来，公司加快流水线组装速度，于是，亨利也得加快手脚。接着，工程师又在发动机设计上多加了两个汽缸，这样亨利做的工作量又加大了。但他们才不会为亨利的工作着想呢。

亨利的身体每况愈下，无奈下请了一次病假，回厂后他被安排去生产压印器的流水线上工作。两年后，他又病倒了。现在他已经回到农场，怎么都想不通自己当初干吗想去工厂工作。

在另一家工厂里，发生了件很有趣的事——在一个车间里，有12个人负责操作研磨金属片的机器。但那机器老是会发出刺耳的噪音。过去两年里我见过4个来自那个车间的人都得了溃疡。想想，我真不知道有多少人因为得了胃病而辞职了呢！

忧虑和意外事故之间的联系

常常忧虑的人最易发生意外事故。总是有一大堆的烦恼和忧心事在困扰着你,使你无法专注做事,也许是和妻子的矛盾,也许是巨大的房贷压力,也许是对日常琐事的焦虑。于是,意外会频频发生,比如在切东西时失手切到自己,或是不小心让一根尖头竹竿刺伤了手臂。许多意外都发生在经常发生意外的人身上。

各行各业中的压力本质是一样的

现代工商业界的各行各业中,都会有巨大的竞争性压力。真正说到压力大,还没有哪一行的竞争压力能真正大过新闻报道行业。一个编辑朋友告诉我,在他的报社里从自己到基层下属,没有一个不抱怨自己身体不好的。他还补充说:"除了身体状况不好之外,我们这些人基本上都是不快乐的,因为生活、工作的节奏太快,压力实在太大。"

财富值得我们付出健康的代价吗

当今生产方式得以发展的代价是什么?用健康代价换来的财

富究竟何用？当然，最好是有健康的身体和富足的生活！然而，不用付出健康代价就可以过上优越的生活，这样的好事到哪找呢？进一步的商业化给人们带来激烈的竞争，几乎每个工作都会给人无数情绪压力。

竞争激烈的经济环境造成我们这个时代情绪性疾病的蔓延。虽然经济进入迅猛发展时期，但在某种程度上说我们这个经济体系是"幼稚"的——它在很多方面并不成熟。诚然，在一定阶段，它会使人们变得富有竞争力，不断进取，始终斗志昂扬。在慢慢地走向成熟的过程中，这种竞争心逐渐平稳下来，并开始形成合作意识，更愿意与人分享胜利果实，更乐于付出而不是执着于得到。但是，经济上自我毁灭的冲动，阻碍了这种体系朝更成熟方向的发展。

成熟，即意味着一旦因为激烈的竞争而产生自私自利的想法时，理性地调整好心态，做出正确的决定。但在这样不成熟的体系中，一旦我们成熟、理性地为人处事时，结果却是必然失败。任何人遵守这样的理性准则——如友好地与人合作、为人处事先利人后利己、帮助别人脱离困境，几乎不可能在这个经济社会中取得什么成功。

我知道几个所谓经商失败的例子——也就是说，这些人在商场上从没有成功过，几乎无一例外，他们都是我所见过的最善良的人。

生计问题必须解决

尽管如此,我们还是得生活下去。也许你患了功能性疾病,有理由去抱怨如今的竞争体系太不完善。但不管怎样,你想要生存下去,就得继续忍受,并得适应环境,成为体系的一部分。

那么,这样告诉自己:把它当作一次游戏,当作是人生的乐事来做;不要出于责任,把生活当成任务,完成就了事。要学会苦中作乐,积极快乐地"玩"工作,而不要陷入竞争的旋涡。

这样说,并不是要你不思进取,也不是说你一定不能开豪

华轿车，而是说这样做你就能单纯地享受在野餐中吃花生酱的快乐、大热天吃西瓜的快乐，即使开着吱吱嘎嘎的老旧雪佛莱车也能快乐。

也许你终生都住陋室一间，但是，你却在其中享受到很多，你能健康得一直活到去参加那些把你挤下管理位置的可怜虫的葬礼，并在心里偷着乐一下。

本章小结

正如我们所知,这个国家的商业体系是满足人民需求的最大供给者,但不幸的是它同时也给人们带来了巨大的情绪压力。沉重的责任、激烈的竞争和保持成功的欲望都是高层管理者的普遍压力的来源。没命地工作,毫无安全感,都是人走向末路的标签。工资太低,工作太单调又没有乐趣,种种问题给工人们带来深层压力。

长远来看唯一好的解决办法是商业社会必须逐步使自己人性化,目前一些行业正在努力朝这个方向努力。

对于束缚在工作中的个人而言,最好的方法就是学会享受工作,享受生活;尽量使自己积极向上;尽量不让工作的烦恼破坏自己的心情。人必须自己来掌控自己的情绪,而不应该让工作来控制情绪。

简而言之,被现代社会压得喘不过气的人要有效地运用从本书中学到的方法,学会调节和掌控情绪。

第十四章

面对死亡,我们仍然可以微笑

情绪性疾病在各个年龄段的人中都很常见,而且随着人们年龄的增加,发病率会越来越高。照理说,人步入老年,应该越来越冷静,慈祥而友善,但事实却非如此。一方面是因为这些迈向老年的人必须面对周围环境的改变,另一方面是对于年华逝去的焦虑。这种焦虑随着年龄的增加就像滚雪球一样,越滚越大,直到生命的终结。

老人更易患上情绪性疾病

老态龙钟的人更易患上情绪性疾病。这是因为人到老年时大多会变得缺乏安全感(包括对经济状况、健康状况以及对未来的不确定感)、忧虑、失望、气馁等。

从乔治身上，我们可以清楚地看到老年人的情绪是怎样导致疾病产生的，也可以看出正面情绪又是怎样使疾病往相反方向转变的。

K.M.保曼博士是旧金山一位著名的精神病专家。当他两年前第一次见到乔治的时候，乔治已经有6个月卧床不起了。他极度虚弱，连吃饭、上厕所这样的小事都需要别人帮忙。

年轻的时候，乔治是百老汇的一个舞台总监。他工作非常出色，是这一行里首屈一指的人物。他有一个儿子，长大以后就搬到了西海岸一带居住。乔治48岁的时候，妻子离他而去，剧院的生意也每况愈下。由于这样一些原因，乔治开始酗酒，并因此丢了工作。

到72岁的时候，乔治已经变得穷困潦倒。无奈之下，乔治只好和儿子住在一块。不过对儿子来说，他已经完全变成了一个累赘。他不大爱整洁，与人格格不入。我想，刚开始的时候，乔治的儿子和妻子确实是想让老人高兴起来。不过后来，他们之间的关系，特别是乔治和儿媳的关系越来越僵，充满了火药味，双方都觉得无法忍受。于是，乔治就开始生病了，人也越发衰老。没过多久，他就病倒在床。他们请过一两次医生，医生说他得了动脉硬化和老年衰退症。

后来，保曼博士碰巧给他看了一次病。他给乔治做了检查，而后告诉乔治："市政厅为老年人新建的一个剧院刚好建完，我们需要一个在百老汇干过的舞台总监。我带你到那儿去吧。"

就这样，乔治被搬上了救护车，坐着轮椅来到了舞台上。两星期以后，他从轮椅上站了起来，再过了两星期，乔治就已经像只兔子一样活蹦乱跳了。从那之后，他的身体状况恢复得很快。

从乔治的故事中，我们可以看出，情绪压力会导致人的衰老，所以人人都需要一个"剧院"来抵制"自然衰老"。

衰老意味着什么

千万不要以为现在人们所说的衰老和一百年前的衰老是一个意思。时代在变，导致人们衰老的因素也在变。

经济得不到保障

你有多么富有？或者说等你到了65岁的时候，你能有多富有？随着美元的贬值、养老金额的下降、税收的增高，有很多人在65岁前已经不能自己养活自己了。

工作得不到保障

可能还有一些无耻的人会这样说："为什么这些老家伙不去

工作呢？"这些人没有意识到，在如今的劳动力市场上，45岁以上的人就已经很难找到一份工作了。

有一个老人，60岁了。他是个技术娴熟的工具制造者。相比年轻人来说，他的事故发生率要低得多，他的旷工次数也会少得多，而他的责任感却强得多，也不会像年轻人那样好斗，引发劳动纠纷。然而，他还是找不到工作，为什么呢？

那是因为美国作为一个年轻而又新兴的国家，崇尚的是年轻，看不起（这个词还算是客气的说法）老年人。老年人是那些我们希望最好不再延长寿命的人，是那些尽量不要给年轻一代人带来麻烦的人（不知为什么，年轻人就看不到自己也有到65岁的那一天呢）。

某位专家发现，人越是年轻，手脚就越是灵活，给公司做出的贡献也就越大。但是，他却没有想过，年长一点儿的人会给公司带来更多人性化的东西；他也不明白，一个公司里人性化的东西远比钱财更有价值。

子女们漠不关心

现在，孩子们对父母没有感情，对父母袖手旁观是很常见的事。老人们对此痛恨异常。他们还记得，同样是这些孩子，当他们还要喂食的时候，当他们需要保护的时候，自己花了多少时间和精力去呵护他们。而他们得到的补偿就是被自己的孩子们扔在一边，好像根本不存在一样。

父母是为了孩子而活的，而孩子们却是怎样去对待自己的父母的呢？有多少人回报过父母的爱呢？这个世界上有太多伤心的人（换句话说，他们都有着严重的情绪压力），这都是因为他们在自己需要帮助的时候被自己的孩子无情地抛弃了。

然而，不只是他们的孩子错。他们周围的每个人都认为这些老年人是前进道路上的障碍。他们在街上走路慢，上下公共汽车也慢。事实上，这些老年人已经不再为社会所需要。

千万不要以为老年人真的感受不到人们的这些态度，也不要以为这些因素对老年人的身体健康没有影响。这正是我努力想让大家明白的一点。

解决这一问题的方法已经很明显了，那就是不仅孩子要去关心自己家的老人，社会也应该给他们以帮助。

对疾病的恐惧

老年人总是担心自己马上就会完全丧失劳动能力，成了一个废人。这种压力对身体十分不利。即便一个年轻人被告知在两年内完全丧失劳动能力，他也一定会陷入失控状态，更何况老年人了。

对死亡的恐惧

大多数有生命的东西，除非它活得异常痛苦，都希望能长久地活下去。就像爱尔兰人说的那样:"如果我知道我将在什么地方死去,我肯定会远离那个该死的地方。"

对于年轻人来说,死亡还是件很遥远的事,现在不可能发生,但是对老年人来说,死亡离他们比以往任何时候都近。到底会怎么死呢?什么时候会死呢?这样的问题一直困扰在老年人的心头。

失去朋友

对于老年人来说,送别朋友是一件无法逃避的痛苦——那些曾经鼓励他们的朋友、曾经帮助过他们的朋友,还有那些对他们摇头摆尾的小狗,都相继离他们而去。

你有没有试过在黄昏时分独自一个人站在寂静蜿蜒的小径上，你有没有感受到一种可怕的寂寞正将你拖入泥土之中，这样一种深深的寂寞就好像是在说："这就是你的全部了，你再没有别的了。"如果你有过这样的感受，那么，你就理解老年人的想法了。

简陋的居住条件

100年以前，有2/3的老年人都是居住在乡下。如今，越来越多的老年人居住在城市。由于居住环境的变化，老年人失去了人们的同情、友好和以往生活中的邻居。而且，很多老年人还要为日益增长的房租和上涨的食品操心。

每个人都遇到这样的问题

如今，大多数人都会活到65岁，甚至更长一点儿。我的意思是，你也会有老去那一天。所以，你要认真地思考下面的问题：

如果你还是二三十岁的人，对于你的晚年生活你会做些什么呢？现在就是最好的时间，给自己订个计划吧。

如果你正40多岁，或者正迈向50岁的门槛，你已经浪费不起时间了，时间对你来说太宝贵了。

如果你已过花甲之年，你仍然还有时间做很多事——你还能活很长一段时间。

如果你现在都70多岁，甚至更老一点儿，你要学会满足，不是表面上的满足，而是内心真正的知足。

我们将在晚年的时候做些什么

我们可以做这些事：

不论你是20岁还是60岁，越早为自己制订一个65岁以后的养老计划，到了晚年，你就会过得越快乐。

晚年的成熟，从根本上说和任何年龄阶段的成熟都是一样的——这意味着一个人活着的时候，他能享受眼前的一切。他会培养出友善仁慈、体贴关怀的个性。他也能学会妥协，学会站在他人的立场上来看问题，而不是去反对别人或是挑起纷争。

晚年的成熟意味着什么

如果你是年轻人，现在就开始保持稳定的情绪。

一个说话尖酸刻薄，对人对事专横霸道的老妇人，如果在她20岁的时候这种特征还不明显，那么，等到她40岁的时候也会暴露无遗。

除非对这些特征进行有意识的思想控制，要不然，晚年的情绪状态就会受到年轻时期个性的影响。

因此，不管你是20岁还是60岁，你都要学会友善、学习去爱别人、学会乐观、学会用眼睛去发现周围的快乐。这对于我们来说并不费事。

纵观我们一生，我们都有这样的选择权——不管我们在20岁、40岁、60岁或是80岁——镇定、顺从、充满信心和决心、乐观地面对生活，还是吹毛求疵、爱抱怨、担忧、焦虑地对待生活。

选择权就在你手里——现在就开始做决定吧！

为将来的经济状况做打算。定期地存钱能够增加退休后的收入。如果有必要的话，还可以缩减现在的生活开支。

为今后居住的地方做打算。当你步入老年的时候，你是不是有房子住？或者你付不付得起房租？

培养广泛的兴趣爱好。培养出一些业余爱好，比如园艺、耕作，或者其他一些可以让你在退休之后发挥余热的爱好。

如果你已经进入了晚年时期：

对那些不可避免会发生的事要做到顺其自然，大方地接受命运带来的任何东西。

不管什么时候，如果老朋友离你而去了，设法去找一个新朋友。生活是空洞之味的，还是丰富多彩的，完全在于你自己怎么做。

思想要灵活，要随机应变，避免偏见，不要因为别人年轻你就去嫉妒他们。

穿着要整洁干净。即使衣服上有破损的地方,也要将其仔细地缝补好。保持良好的礼貌态度。

不要游手好闲。要像追求你的事业一样去培养一些兴趣爱好。

最重要的是,保持个性的乐观和开朗。用微笑和友好的话语问候别人。除非别人听不见你说话,你自己也听不见自己说话,要不然就不要抱怨。

永远也不要告诉自己你有多累。告诉自己你正在做的事正是你想做的。

不要担心死亡,每一个人都会有那一天。

本章小结

那些60多岁、70多岁甚至更老一点儿的人，不仅没能享受这一段黄金时光，反而遇到了很多会产生情绪压力的问题。比如，经济得不到保障、工作得不到保障、子女们漠不关心、对疾病的恐惧、对死亡的恐惧、失去朋友、简陋的居住条件，还有社会对老年人广泛的冷漠态度。

如果你还年轻，那就要从现在开始，为晚年时期的经济做打算，为今后住的地方做打算，并且培养出一些新的兴趣爱好。

如果你已经进入了晚年时期，那么，你就要学会发自内心的满足——即使从表面上看来，没有什么值得满足的。对于不可避免会发生的事，你要学会顺其自然。如果老朋友离你而去了，就去找一个新朋友。思想要灵活，要学会适应新的东西。不要批评年轻人。穿戴要整齐。保持乐观的个性，并用微笑来问候周围的人。如果需要，就坐下来休息一会儿，但是，别告诉自己你有多累。至于死亡——这难道不是每个人都要面对的吗？

心理 · 励志

《天生变态狂》
没有谁可以有理由放弃自己的人生

《疯狂成瘾者》
TED"瘾君子"的成瘾、堕落与自救

《人格裂变的姑娘》
你不用亲身接触，就能看到世界的背面

《如何才能不焦虑》
献给一有风吹草动就好不淡定的你

《如何才能没压力》
遇见内心平衡的自己

《你唯一的缺点就是太完美了》
过度追求完美是病，得治

心理 · 励志

《神秘的荣格》
最适合中国读者了解荣格思想的心理学著作

《别让控制型人格绑架你》
一本全面解析控制型人格的犀利之作

《阳光的你，抑郁了吗？》
做自己情绪的主人，告别"微笑型抑郁症"！

《制怒》
十堂性格自修课，做情绪的主人

《胜出》
七种社交与情绪智慧，教你迅速脱颖而出

《共情力》
让你的灵魂熠熠发光

心理 · 励志

《罪恶时刻》

我们生而负债,欠世界一个死亡

《披着羊皮的狼》

了解控制型人格的优质读本

《我爱你,你却只爱自己》

了解自恋型人格的优质读本

《心的重建》

生命中的失去,就是重整命运的机会

《爱的重建》

你要学会宽恕这一团糟的世界

《亲密》

广受欢迎的人气心理学

心理 · 励志

《改变》
成功的人不是赢在起跑点，而是转折点

《抑郁药不要》
4周疗愈身体，轻松缓解抑郁

《连接感》
如何应对亲密关系中的焦虑

《曼陀罗的秘密》
都市身心灵疗愈之旅

《隐藏的人格》
首部全方位解读心理学大师荣格人格面具理论的著作

《安慰剂效应》
TED临床医生带你体验心理暗示的强大力量